智能科学与技术丛书

A Guide to Convolutional Neural Networks for Computer Vision

卷积神经网络与计算机视觉

[澳] 萨尔曼·汗（Salman Khan）
侯赛因·拉哈马尼（Hossein Rahmani）　◎ 著
赛义德·阿法克·阿里·沙（Syed Afaq Ali Shah）
穆罕默德·本纳努恩（Mohammed Bennamoun）

黄智濒　戴志涛 ◎ 译

U0256073

机械工业出版社
China Machine Press

图书在版编目（CIP）数据

卷积神经网络与计算机视觉 /（澳）萨尔曼·汗（Salman Khan）等著；黄智濒，戴志涛译 .
—北京：机械工业出版社，2019.4（2024.7 重印）
（智能科学与技术丛书）
书名原文：A Guide to Convolutional Neural Networks for Computer Vision

ISBN 978-7-111-62288-8

I. 卷… II.①萨… ②黄… ③戴… III. 计算机视觉 - 研究 IV. TP302.7

中国版本图书馆 CIP 数据核字（2019）第 051731 号

北京市版权局著作权合同登记 图字：01-2018-5308 号。

Authorized translation from the English language edition, entitled A Guide to Convolutional Neural Networks for Computer Vision, 1st Edition, 9781681730219 by Salman Khan, Hossein Rahmani, Syed Afaq Ali Shah, Mohammed Bennamoun, published by Morgan & Claypool Publishers, Inc., Copyright © 2018 by Morgan & Claypool.

Chinese language edition published by China Machine Press, Copyright © 2019.

本书既全面介绍了卷积神经网络（CNN）的原理，又提供了将 CNN 应用于计算机视觉的一手经验。书中首先讲解神经网络的基本概念（训练、正则化和优化），然后讨论各种各样的损失函数、网络层和流行的 CNN 架构，回顾了评估 CNN 的不同技术，并介绍了一些常用的 CNN 工具和库。此外，本书还分析了 CNN 在计算机视觉中的应用案例，包括图像分类、目标检测、语义分割、场景理解和图像生成。

出版发行：机械工业出版社（北京市西城区百万庄大街 22 号 邮政编码：100037）

责任编辑：唐晓琳	责任校对：张惠兰
印 刷：固安县铭成印刷有限公司	版 次：2024 年 7 月第 1 版第 7 次印刷
开 本：185mm×260mm 1/16	印 张：12.25
书 号：ISBN 978-7-111-62288-8	定 价：99.00 元

客服电话：(010) 88361066 68326294

1998 年，Yann LeCun 教授提出了第一个真正意义上的卷积神经网络 LeNet，并将它应用到手写数字识别上。然而这个模型在后来的一段时间并未流行起来，主要原因是卷积神经网络虽然可以有效处理噪声信号，提取输入数据的特征，但需要较大的计算量，受限于当时的计算能力，识别的错误率比同时代的支持向量机要高很多。支持向量机精巧地在容量调节上选择了更合适的平衡点，从而获得了较大的成功，但其噪声信号处理能力较差。随着计算机性能沿摩尔定律的提升，多核处理器、通用图形处理器以及各类高性能分布式计算模式的出现，计算能力有了突飞猛进的发展。终于，在 2012 年 ImageNet 大规模视觉识别挑战赛（ILSVRC）上，AlexNet 的卓越表现，使得人们认识到卷积神经网络的巨大潜力，各类深度网络结构层出不穷，各种卷积神经网络的应用如雨后春笋般冒出来。其中计算机视觉领域的应用最有代表性，并获得了巨大成功，同时也促进了人们学习并深入研究深度神经网络（特别是深度卷积神经网络）。本书正是在这样的背景下顺应而生的。

Morgan & Claypool 综合报告深受广大科研工作者喜爱，每份报告全面阐述一项重要的研究或技术，由该领域著名专家撰写。报告的独特价值在于能带给读者比期刊文章更综合的内容、更深入的分析，同时比一般图书或工具书更模块化、更动态。本书脉络清晰，突出重点，围绕深度卷积神经网络的基础知识、核心概念、最新进展、在计算机视觉领域各方面的近期典型应用案例、主要支撑工具平台以及未来的研究方向等方面进行了介绍。总之，本书非常合适那些既对计算机视觉感兴趣，又想深入学习深度卷积神经网络的中高级读者。

在翻译的过程中，虽然我们力求准确反映原著表达的思想和概念，但由于本书内容大部分来自于近期有影响力的国际期刊和会议论文，有很多新名词尚没有标准的中文译名，因此只能通过查询互联网来选择被广泛接受的中文译名。我们将这些译名整理成术语表附在本书最后，希望本书的出版能推动这些中文译名的统一化，便于国内的研究学习和交流。由于译者水平有限，翻译中难免有错漏之处，恳请读者和同行批评指正。

最后，感谢家人和朋友的支持和帮助。同时，要感谢在本书翻译过程中做出贡献的人，特别是北京交通大学附属中学的韩乐铮，北京邮电大学的董丹阳和赵达菲；还要感谢北京邮电大学计算机学院的大力支持。

北京邮电大学计算机学院

智能通信软件与多媒体北京市重点实验室

黄智濒　戴志涛

2018 年 11 月于北京

本书的主旨是从计算机视觉的角度全面深入地介绍卷积神经网络（Convolutional Neural Network，CNN）的主题，覆盖了与理论和实践方面相关的初级、中级和高级主题。

本书共分为9章。第1章介绍计算机视觉和机器学习主题，并介绍与它们高度相关的应用领域。第1章的后半部分提出本书的主题"深度学习"。第2章介绍背景知识，展示流行的手工提取的特征和分类器，这些特征和分类器在过去二十年间仍然在计算机视觉中很受欢迎。其中包括的特征描述符有尺度不变特征变换（Scale-Invariant Feature Transform，SIFT）、方向梯度直方图（Histogram of Oriented Gradients，HOG）、加速健壮特征（Speeded-Up Robust Features，SURF），涵盖的分类器有支持向量机（Support Vector Machine，SVM）和随机决策森林（Random Decision Forest，RDF）等。

第3章描述神经网络，并涵盖与其架构、基本构建块和学习算法相关的初步概念。第4章以此为基础，全面介绍CNN架构。该章介绍各种CNN层，包括基本层（例如，子采样、卷积）以及更高级的层（例如，金字塔池化、空间变换）。第5章全面介绍学习和调整CNN参数的技巧，还提供可视化和理解学习参数的工具。

第6章及其后的内容更侧重于CNN的实践方面。具体来说，第6章介绍目前的CNN架构，它们在许多视觉任务中表现出色。该章还深入分析并讨论它们的相对优缺点。第7章进一步深入探讨CNN在核心视觉问题中的应用。对于每项任务，该章都会讨论一组使用CNN的代表性工作，并介绍其成功的关键因素。第8章介绍深度学习的流行软件库，如Theano、TensorFlow、Caffe和Torch。最后，第9章介绍深度学习的开放性问题和挑战，并简要总结本书内容。

本书的目的不是提供关于CNN在计算机视觉中的应用的文献综述。相反，它简洁地涵盖了关键概念，并提供了当前为解决计算机视觉的实际问题而设计的模型的鸟瞰图。

我们要感谢 Gerard Medioni 和 Sven Dickinson，他们是计算机视觉系列综合图书的编辑，让我们有机会为这个系列做出贡献。非常感谢 Morgan & Claypool 执行编辑 Diane Cerra 的帮助和支持，他负责管理整个的图书准备流程。感谢在我们的职业生涯中遇到的同事、学生、合作者和合著者，他们的激励使我们对这一主题始终兴趣不减。我们也深深感谢各类相关研究团体，他们的工作带来了计算机视觉和机器学习方面的重大进步，本书将介绍其中的一部分。更重要的是，我们想对那些允许我们在本书的某些部分使用他们的数据或表格的人表示感谢。本书极大地受益于同行评审的建设性评论和赞赏，这有助于我们改进所呈现的内容。最后，没有家人的帮助和支持，这项成果是不可能实现的。

我们还要感谢澳大利亚研究理事会（ARC），其资金和支持对本书的一些内容至关重要。

Salman Khan，Hossein Rahmani，
Syed Afaq Ali Shah，
Mohammed Bennamoun
2018 年 1 月

萨尔曼·汗（Salman Khan）　2012 年以特优成绩获得美国国家科学技术大学（NUST）电气工程专业工学学士学位，2016 年获得西澳大利亚大学（UWA）博士学位。他的博士学位论文获得了院长荣誉榜的特别奖励。2015 年，他是澳大利亚国家信息通信技术堪培拉研究实验室的访问研究员。他目前是联邦科学与工业研究组织（CSIRO）Data61 部门的研究科学家，自 2016 年起担任澳大利亚国立大学（ANU）的兼职讲师。他获得了多项著名奖学金，如博士生国际研究生研究奖学金（IPRS）和硕士生富布赖特奖学金。他曾担任多个领先的计算机视觉和机器人会议的程序委员会成员，如 IEEE CVPR、ICCV、ICRA、WACV 和 ACCV。他的研究兴趣包括计算机视觉、模式识别和机器学习。

侯赛因·拉哈马尼（Hossein Rahmani）　2004 年在伊朗伊斯法罕技术大学计算机软件工程专业获得理学学士学位。2010 年在伊朗德黑兰沙希德贝赫什迪大学软件工程专业获得理学硕士学位。他于 2016 年在西澳大利亚大学学习并获得博士学位。他曾在 CVPR、ICCV、ECCV 和 TPAMI 等顶级会议和期刊上发表过多篇论文。他目前是西澳大利亚大学计算机科学与软件工程学院的研究员。他曾担任多个领先的计算机视觉会议和期刊（如 IEEE TPAMI 和 CVPR）的审稿人。他的研究兴趣包括计算机视觉、动作识别、3D 形状分析和机器学习。

赛义德·阿法克·阿里·沙（Syed Afaq Ali Shah）　分别于 2003 年和 2010 年在巴基斯坦白沙瓦工程技术大学（UET）电气工程专业获得理学学士和理学硕士学位。他于 2016 年在西澳大利亚大学计算机视觉和机器学习领域获得了博士学位。他目前在西澳大利亚大学计算机科学与软件工程学院担任副研究员。他获得了由澳大利亚研究理事会资助的 3D 面部分析项目 "Start Something Prize for Research Impact through Enterprise"。他曾担任 ACIVS 2017 的程序委员会成员。他的研究兴趣包括深度学习、计算机视觉和模式识别。

穆罕默德·本纳努恩（Mohammed Bennamoun）　在加拿大金斯敦女王大学获得控制理论领域的硕士学位，在澳大利亚布里斯班昆士兰科技大学获得计算机视觉领域的博士学位。他在女王大学讲授机器人学，之后于1993年加入昆士兰科技大学担任助理讲师。他目前是西澳大利亚大学的温思罗普教授，并曾担任西澳大利亚大学计算机科学与软件工程学院院长五年（2007年2月至2012年3月）。在1998～2002年他曾担任昆士兰科技大学卫星导航空间中心主任。

他曾在2013～2015年期间担任澳大利亚研究理事会（ARC）专家委员会委员。他于2006年在爱丁堡大学担任伊拉斯莫斯学者和客座教授。他还曾担任CNRS（国家科学研究中心）客座教授，2009年法国里尔高等电信工程师学院客座教授，2006年赫尔辛基理工大学客座教授以及2002～2003年法国勃艮第大学和法国巴黎13的客座教授。他是《Object Recognition：Fundamentals and Case Studies》（施普林格出版社，2001）一书的合著者，也是2011年出版的《Ontology Learning and Knowledge Discovery Using the Web》一书的合著者。

穆罕默德已经发表了100多篇期刊论文和250多篇会议论文，并从ARC、政府和其他资助机构获得了极具竞争力的国家拨款。其中一些赠款是与行业合作伙伴（通过ARC联动项目计划）携手解决行业的实际研究问题，这些合作伙伴包括澳洲游泳协会、西澳大利亚体育学院、纺织公司（Beaulieu Pacific）和AAMGeoScan。他致力于研究问题，并与来自不同学科（包括动物生物学、语音处理、生物力学、眼科学、牙科学、语言学、机器人学、摄影测量学和放射学）的研究人员（通过联合出版物、资助和指导博士生）合作。他与澳大利亚境内（如CSIRO）的研究人员以及国际（如德国、法国、芬兰、美国）的研究人员合作。他曾多次获奖，包括1998年昆士兰科技大学年度最佳导师奖、2016年卓越教学奖（指导学生奖）和校长奖（研究导师奖）。2008年他还获得了西澳大利亚大学指导学生奖。

他曾担任几个国际期刊的特刊的客座编辑，如国际模式识别和人工智能期刊（IJPRAI）。他受邀参加欧洲计算机视觉会议（ECCV）、国际声学语音和信号处理会议（IEEE ICASSP）、IEEE 国际计算机视觉会议（CVPR 2016）、Interspeech（2014）以及国际深度学习暑期学校的课程（DeepLearn2017）。他组织了几次专题会议，包括 IEEE 国际图像处理会议（IEEE ICIP）的专题会议。他是许多会议的程序委员会成员，例如 3D 数字成像和建模（3DIM）以及计算机视觉国际会议。他还为许多地方和国际会议的组织做出了贡献。他感兴趣的领域包括控制理论、机器人技术、避障、目标识别、机器/深度学习、信号/图像处理和计算机视觉（特别是 3D）。

目 录

A Guide to Convolutional Neural Networks for Computer Vision

摘　要

由于计算机视觉在智能监视和监控、健康和医药、体育和娱乐、机器人、无人驾驶飞机和自动驾驶汽车等领域的广泛应用,近年来它变得越来越重要和有效。视觉识别任务(例如图像分类、定位和检测)是许多应用的核心构建块,卷积神经网络(Convolutional Neural Network,CNN)的近期发展使得当前的这些识别任务和系统获得了出色的性能。因此,CNN 现在是计算机视觉的深度学习算法的关键。

这本独立的指南对于既想了解 CNN 背后的理论,又想获得有关 CNN 在计算机视觉中应用的实践经验的人将会有所帮助。本书提供了对 CNN 的全面介绍,从神经网络背后的基本概念开始,依次介绍 CNN 的训练、正则化和优化。本书还讨论了各种各样的损失函数、网络层和流行的 CNN 架构,回顾了评估 CNN 的各种技术,并介绍了计算机视觉中一些常用的 CNN 工具和库。此外,本书描述和讨论了与 CNN 在计算机视觉中的应用有关的研究案例,包括图像分类、目标检测、语义分割、场景理解和图像生成。

本书非常适合本科生和研究生,因为理解本书并不需要该领域的背景知识,也适合有兴趣快速了解 CNN 模型的新晋研究人员、开发人员、工程师和从业人员。

关　键　词

深度学习、计算机视觉、卷积神经网络、感知、反向传播、前馈网络、图像分类、行为识别、目标检测、目标跟踪、视频处理、语义分割、场景理解、3D 处理

第 1 章

A Guide to Convolutional Neural Networks for Computer Vision

简　　介

在过去十年间，计算机视觉和机器学习在各种基于图像的应用程序开发中起到了决定性作用，例如，由 Google、Facebook、Microsoft、Snapchat 提供的各种服务。在此期间，基于视觉的技术已经从感知模式转变为可以理解现实世界的智能计算系统。因此，掌握计算机视觉和机器学习（例如，深度学习）知识是许多现代创新企业所需的重要技能，并且在不久的将来可能变得更加重要。

1.1　什么是计算机视觉

人类用眼睛和大脑观察和理解周围的 3D 世界。例如，给定如图 1.1a 所示的图像，人类很容易在图像中看到"猫"，从而实现：对图像进行分类（分类任务）；在图像中定位猫（分类加定位任务，如图 1.1b 所示）；定位并标记图像中存在的所有对象（目标检测任务，如图 1.1c 所示）；分割图像中存在的各个对象（实例分割任务，如图 1.1d 所示）。计算机视觉旨在为计算机提供类似（如果不是更好）能力的科学。更确切地说，计算机视觉寻求开发方法以复制人类视觉系统中最令人惊异的能力之一，即纯粹使用从各种物体反射到眼睛的光来推断 3D 真实世界的特征。

分类	分类+定位	目标检测	实例分割
猫	猫	猫, 狗, 鸭	猫, 狗, 鸭
a)	b)	c)	d)

图 1.1　我们希望计算机对图像数据做什么？查看图像并执行分类，分类加定位（即找到图像中主对象（猫）的包围盒并标记它），定位图像中存在的所有对象（猫，狗，鸭）并标记它们，或者执行图义为例分割，即物前的各个对象的分割（即使它们是相同类型）

　　然而，从由相机捕获的二维图像中恢复和理解世界的 3D 结构是一项具有挑战性的任务。计算机视觉的研究人员一直在开发数学技术，以从图像中恢复物体/场景的三维形状和外观。例如，给定一个从各种视图捕获的同一对象的足够大的图像集（见图 1.2），计算机视觉算法使用跨多个视图的密集对应，可以重构出对象的一个精确的稠密三维表面模型。然而，尽管取得了所有这些进步，但是达到与人类一样的图像理解水平仍然具有挑战性。

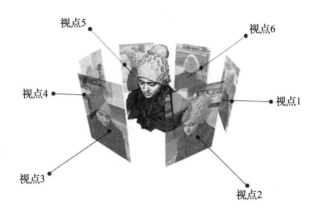

图 1.2　给定一组从六个不同视点捕获的对象（例如，人体上半身）的图像，可以使用计算机视觉算法重建对象的密集三维模型

1.1.1　应用案例

　　由于计算机视觉和视觉传感器技术领域的重大进步，计算机视觉技术如今正在各种各样的现实应用中使用，例如智能人机交互、机器人和多媒体。预计下一代计算机甚至可以与人类同水平地理解人类行为和语言，代表人类执行一些任务，并以智能方式响应人类命令。

1. 人机交互

　　如今，摄像机广泛用于人机交互和娱乐业。例如，手势可用于手语交流，在嘈杂的环境中传送消息，以及与计算机游戏交互。摄像机提供了一种自然而直观的、人与设备通信的方式。因此，这些相机最重要的一个方面是识别视频中的手势和短暂动作。

2. 机器人

将计算机视觉技术与高性能传感器以及经巧妙设计的硬件集成在一起，产生了新一代机器人，它们可以与人类一起工作，并在不可预测的环境中执行许多不同的任务。例如，一个先进的人形机器人可以以与人类非常相似的方式跳跃、说话、跑步或走楼梯。它还可以识别并与人交互。通常，先进的人形机器人可以执行各种活动，这些活动对人类仅是本能反应，并不需要高智力。

3. 多媒体

计算机视觉技术在多媒体应用中起着关键作用。这导致人们在处理、分析和解释多媒体数据的计算机视觉算法的开发中投入了大量研究工作。例如，给定一个视频，人们会问："这个视频是什么意思?"这是涉及图像/视频理解和概括的非常具有挑战性的任务。又如，给定一段视频剪辑，计算机可以搜索互联网并获得数百万个类似的视频。更有趣的是，当人们厌倦了观看一部长电影时，计算机会自动为他们概述这部电影。

1.1.2 图像处理与计算机视觉

我们可以将图像处理视为计算机视觉的预处理步骤。更确切地说，图像处理的目标是提取基本图像基元，包括边缘和角点、滤波、形态学操作等。这些图像基元通常表示为图像。例如，为了执行语义图像分割（一种计算机视觉任务，见图 1.1），人们可能需要在该过程中对图像做一些滤波（图像处理任务）。

图像处理主要集中在处理原始图像而不会给出关于这些图像的任何知识反馈，与图像处理不同，计算机视觉产生图像的语义描述。基于输出信息的抽象级别，计算机视觉任务可以分为三个不同的类别，即低级、中级和高级视觉。

1. 低级视觉

基于提取的图像基元，可以在图像/视频上执行低级视觉任务。

图像匹配是低级视觉任务的一个例子。它被定义为针对给定的同一场景不同视点的一对图像，或者固定摄像机捕获的移动场景，自动识别图像的对应点。识别图像对应点是计算机视觉中几何和运动恢复的重要问题。

另一个基本的低级视觉任务是光流计算和运动分析。光流是由对象或相机的运动引起的视觉场景中的对象、表面和边缘的明显运动的模式。光流是二维向量场，其中每个向量对应于一个位移向量，指出了从一帧到下一帧的点的移动。大多数估计相机运动或物体运动的现有方法均使用光流信息。

2. 中级视觉

中级视觉提供比低级视觉更高水平的抽象。例如，推断物体的几何形状是中级视觉的主要方面之一。几何视觉包括多视图几何、立体视觉和运动恢复结构(Structure from Motion，SfM)，SfM 从 2D 图像推断 3D 场景信息，使 3D 重建成为可能。中级视觉的另一个任务是视觉运动捕捉和跟踪，它可以估计 2D 和 3D 运动，包括可变形运动和关节运动。为了回答“对象如何移动”的问题，需要利用图像分割来查找图像中属于对象的区域。

3. 高级视觉

基于图像的 2D 或 3D 结构的适当的分段表示，使用较低级别视觉(例如，低级图像处理、低级和中级视觉)提取，高级视觉完成对图像的连贯解释的任务。高级视觉确定场景中存在的对象并解释它们之间的相互关系。例如，对象识别和场景理解是两个高级视觉任务，分别推断对象和场景的语义。如何实现健壮识别(例如，从不同视点识别对象)仍然是一个具有挑战性的问题。

高级视觉的另一个例子是图像理解和视频理解。基于对象识别提供的信息，图像和视频理解尝试回答诸如“图像中是否有老虎”“此视频是戏剧还是动作”或“在监控录像中是否存在任何可疑活动”等问题。开发此类高级视觉任务有助于在智能人机交互、智能机器人、智能环境和基于内容的多媒体中完成不同的更高级别任务。

1.2 什么是机器学习

近年来，计算机视觉算法取得了快速进展。特别是将计算机视觉与机器学习相结合有助于开发灵活且稳健的计算机视觉算法，从而提高实际视觉系统的性能。例如，Facebook 将计算机视觉、机器学习及其巨大的照片库结合，实现了健壮的、高精度的面部识别系统。这就是 Facebook 如何能在你的照片中建议标记谁的原因。在下文中，我们首先定义机器学习，然后描述机器学习对计算机视觉任务的重要性。

机器学习是一种人工智能（AI），它允许计算机在没有显式编程的情况下从数据中学习。换句话说，机器学习的目标是设计一些方法，可以使用现实世界的观察（称为"训练数据"）自动执行学习，而不需要人类（"训练师"/"导师"）明确定义的规则或逻辑。从这个意义上讲，机器学习可以被视为对数据样本的编程。总之，机器学习是基于过去的经验，学习如何在未来做得更好。

目前已经提出了各种各样的机器学习算法，涵盖各种各样的数据和问题类型。这些学习方法可以分为三种主要方法，即有监督、半监督和无监督。然而，大多数实用的机器学习方法是目前的有监督学习方法，因为它们与其他对应机制相比具有优越的性能。在有监督学习方法中，训练数据采用（数据：x，标签：y）对的集合形式，目标是响应查询样本 x，产生预测 y^*。输入 x 可以是特征向量或更复杂的数据，例如图像、文本或图形。类似地，也研究不同类型的输出 y。输出 y 可以是二进制标签，用于简单的二元分类问题（例如，"是"或"否"）。然而，下面这些问题也有很多研究工作：多类分类问题，即 y 由 k 个标签之一标记；多标签分类问题，即 y 同时由 k 个标签表示；以及通用结构化预测问题，即 y 是高维输出，由一系列预测构成（例如，语义分割）。

有监督学习方法近似于映射函数 $f(x)$，对于给定的输入采样 x，可

以预测其输出变量 y。存在着不同形式的映射函数 $f(\cdot)$（第 2 章中简要介绍这类函数），包括决策树、随机决策森林（RDF）、逻辑回归（LR）、支持向量机（SVM）、神经网络（NN）、核方法和贝叶斯分类器。还提出了各种学习算法以估计这些不同类型的映射。

另一方面，**无监督学习**是指人们只有输入数据 x 而没有相应的输出变量。称之为无监督学习是因为（与有监督学习不同）没有人工标注输出，也没有教师。无监督学习的目标是对数据的基础结构/分布进行建模，以便在数据中发现有趣的结构。最常见的无监督学习方法是聚类方法，例如层次聚类、k 均值聚类、高斯混合模型（GMM）、自组织映射（SOM）和隐马尔可夫模型（HMM）。

半监督学习方法介于有监督和无监督学习之间。当大量输入数据可用，且仅标记了一些数据时，可以使用这类学习方法。一个很好的例子是照片档案，其中只有一些图像被标记（例如，狗、猫、人），并且大多数是未标记的。

1.2.1　为什么需要深度学习

虽然这些机器学习算法已经存在了很长时间，但是将复杂数学计算自动应用于大规模数据的能力是最近才发展起来的。这是因为当今计算机在速度和内存方面的增强，帮助机器学习技术不断发展，从大量的训练数据中学习。例如，具有更强大的计算能力和足够大的内存，可以创建许多层的神经网络，这被称为深度神经网络。深度学习提供了三个关键优势。

- **简单**：相比针对特定问题进行调整和定制的特征检测器，深度网络提供基本的架构块——网络层，这些层重复多次以生成大型网络。
- **可扩展**：深度学习模型可以轻松扩展到庞大的数据集。如果数据集很大，其他竞争方法（例如核方法）会遇到严重的计算问题。
- **领域可迁移**：在一个任务上学习的模型适用于其他相关任务，并且所学习的特征足够通用，可以处理可能缺乏数据的各种任务。

　　由于在学习这些深度神经网络方面取得了巨大成功，深度学习技术是目前用于图像中对象检测、分割、分类和识别（即辨识和验证）的最新技术。研究人员正在努力将这些适用于模式识别的成功方法应用到更复杂的任务，如医疗诊断和自动语言翻译。卷积神经网络（ConvNets 或 CNN）是一类深度神经网络，已被证明在图像识别和分类等领域非常有效（详见第 7 章）。由于 CNN 在这些领域取得了令人瞩目的成果，本书主要关注用于计算机视觉任务的 CNN。图 1.3 说明了计算机视觉、机器学习、人类视觉、深度学习和 CNN 之间的关系。

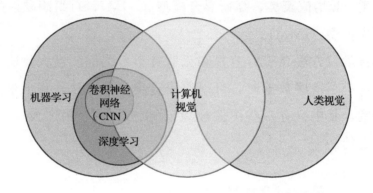

图 1.3　人类视觉、计算机视觉、机器学习、深度学习以及 CNN 之间的关系

1.3　本书概览

第 2 章

　　本书从第 2 章开始，回顾传统的特征表示和分类方法。传统上，使用手工设计的特征来处理计算机视觉任务，例如图像分类和目标检测，这些特征分为两个不同的主要类别——全局特征和局部特征。由于低级表示的流行，该章首先回顾了三种广泛使用的低级手工设计描述符，即方向梯度直方图（HOG）［Triggs and Dalal，2005］、尺度不变特征变换（SIFT）［Lowe，2004］和加速健壮特征（SURF）［Bay et al.，2008］。典型的计算机视觉系统将这些手工设计的特征提供给机器学习算法以对图像／

视频进行分类。该章还详细介绍了两种广泛使用的机器学习算法，即 SVM［Cortes，1995］和 RDF［Breiman，2001；Quinlan，1986］。

第 3 章

计算机视觉系统的性能高度依赖于所使用的特征。因此，计算机视觉的当前进展是基于特征学习的设计，它最小化高级表示（由人解释）与低级特征（由 HOG［Triggs and Dalal，2005］和 SIFT［Lowe，2004］算法检测）之间的差距。深度神经网络是众所周知且受欢迎的特征学习器之一，其允许去除复杂且有问题的手工工程特征。与标准特征提取算法（例如，SIFT 和 HOG）不同，深度神经网络使用若干隐藏层来分层地学习图像的高级表示。例如，第一层可以检测图像中的边缘和曲线，第二层可以检测对象身体部位（例如，手或爪子或耳朵），第三层可以检测整个对象，等等。该章将介绍深度神经网络，包括它们的计算机制和历史背景，并将详细解释两种通用类别的深度神经网络（即前馈和反馈网络）及其相应的学习算法。

第 4 章

CNN 是深度学习方法的主要例子，并且已经得到了最广泛的研究。由于早期缺乏训练数据和计算能力，很难训练大容量的 CNN 而不出现过拟合。在标记数据量的快速增长和最近图形处理单元（GPU）的处理能力改进之后，对 CNN 的研究迅速出现，并在各种计算机视觉任务上取得了成果。该章对 CNN 的最新进展进行了广泛的调查，包括最新的层（例如，卷积层，池化层，非线性层，全连接层，转置卷积层，感兴趣区域（RoI）池化层，空间金字塔池化层，线性聚集的描述符向量（VLAD）层，空间变换层）；权重初始化方法（例如，高斯、均匀和正交随机初始化，无监督预训练，泽维尔（Xavier）和修正线性单元（Rectified Linear Unit，ReLU）敏感的可缩放初始化，监督预训练）；正则化方法（例如，数据增强，随机失活（dropout），随机失连（drop-connect），批量归一化，集合平均，

ℓ^1 和 ℓ^2 正则化，弹性网正则化，最大范数约束，早停（early stopping））；以及几种损失函数（例如，柔性最大传递（softmax）损失函数，SVM 铰链损失函数，平方铰链损失函数，欧几里得损失函数，对比损失函数，期望损失函数）。

第 5 章

CNN 训练过程涉及其参数的优化，使得损失函数最小化。该章回顾众所周知且流行的基于梯度的训练算法（例如，批量梯度下降、随机梯度下降、小批量梯度下降），然后是最新的优化器（例如，动量（Momentum）、牛顿动量、AdaGrad、AdaDelta、RMSprop、Adam），解决了梯度下降学习算法的局限性。为了使本书成为一本独立的指南，该章还讨论用于计算最流行的 CNN 层的微分的不同方法，这些方法使用误差反向传播算法训练 CNN。

第 6 章

该章介绍最流行的 CNN 架构，它们是使用第 4 章和第 7 章中介绍的基本构建模块构造的。早期的 CNN 架构更容易理解（例如，LeNet、NiN、AlexNet、VGGnet），近期的 CNN 架构（例如，GoogleNet、ResNet、ResNeXt、FractalNet、DenseNet）则相对复杂，该章会详细介绍它们。

第 7 章

该章回顾 CNN 在计算机视觉中的各种应用，包括图像分类、目标检测、语义分割、场景标记和图像生成。对于每种应用，该章详细解释流行的基于 CNN 的模型。

第 8 章

深度学习方法已经在计算机视觉应用中产生了显著的性能改进，

因此，利用这些方法的实现，已经开发了若干软件框架。该章介绍九个广泛使用的深度学习框架，即 Caffe、TensorFlow、MatConvNet、Torch7、Theano、Keras、Lasagne、Marvin 和 Chainer，并对它们的各个方面进行比较研究。该章帮助读者理解这些框架的主要特征（例如，每个框架提供的接口和平台），从而使读者可以选择最适合自己需求的框架。

特征和分类器

特征提取和分类是典型计算机视觉系统的两个关键阶段。在本章中，我们将介绍特征提取和分类对计算机视觉任务的重要性和设计挑战。

特征提取方法可以分为两个不同的类别，即基于手工的方法和基于特征学习的方法。在详细讲述后续章节（第 3 章、第 4 章、第 5 章和第 6 章）中的特征学习算法之前，我们在本章中介绍一些最流行的传统手工工程特征方法（例如，HOG [Triggs and Dalal、2005]、SIFT [Lowe，2004]、SURF [Bay et al.，2008]），并详述它们的局限性。

分类器可以分为两组，即浅层模型和深层模型。本章还介绍一些众所周知的传统分类器（例如，SVM [Cortes，1995]、RDF [Breiman，2001；Quinlan，1986]），它们具有单一的学习层，因此是浅层模型。随后的章节（第 3 章、第 4 章、第 5 章和第 6 章）涵盖了深层模型，包括 CNN，它们具有多个隐藏层，因此可以学习各种抽象层次的特征。

2.1 特征和分类器的重要性

视觉系统的准确性、稳健性和效率在很大程度上取决于图像特征和分类器的质量。理想的特征提取器会产生一个图像表示，使分类器的工作变得简单（见图 2.1）。相反，不成熟的特征提取器需要"完美"分类器来充分执行模式识别任务。然而，理想的特征提取和完美的分类性能通常是不可能的。因此，目标是从输入图像中提取信息丰富的、可靠的特征，以便能够开发出很大程度上独立于领域理论的分类。

2.1.1 特征

特征是任何独特的方面或特性，用于解决与特定应用相关的计算任务。例如，给定面部图像，存在多种提取特征（如均值、方差、梯度、边缘、几何特征、颜色特征等）的方法。

n 个特征的组合可以表示成 n 维向量，称为特征向量。特征向量的质量取决于其区分不同类别的图像样本的能力。来自同一类的图像样本应具有相似的特征值，来自不同类的图像应具有不同的特征值。对于图 2.1 的示例，图 2.2 中的所有汽车应具有相似的特征向量，而不管其模型、大小、图像中的位置等。因此，良好的特征应该是信息丰富的，不受噪声和一系列变换（例如，旋转和平移）的影响，并且计算快速。例如，图像中的轮子数、门数等特征有助于将图像分为两个不同的类别，即"汽车"和"非汽车"。但是，提取这些特征是计算机视觉和机器学习中的挑战性问题。

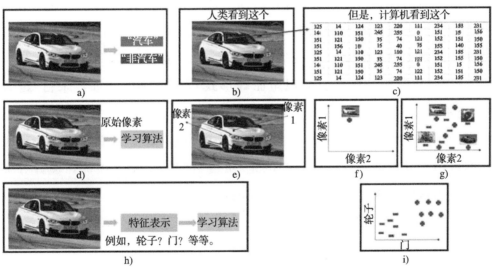

图 2.1　a）目的是设计一种算法，将输入图像分为两类，即"汽车"或"非汽车"。b）人类可以很容易地看到汽车并将此图像归类为"汽车"。但是，对于图像中的小块，计算机会看到 c 中所示的像素强度值。计算机视觉方法处理所有像素强度值并对图像进行分类。d）直接的方法是将强度值馈送到分类器，然后学习好的分类器将执行分类作业。e）为了使展示效果清晰，我们只选择两个像素。因为像素 1 相对较亮而像素 2 相对较暗，所以该图像在 f 所示的图中位于蓝色加号所示的位置。通过添加少量正样本和负样本，g 中的图表显示正样本和负样本混杂在一起。因此，如果将此数据提供给线性分类器，则无法将特征空间细分为两个类。h）事实证明，适当的特征表示可以克服这个问题。例如，使用更多信息丰富的特征，诸如图像中的轮子数量、图像中的门数量，数据看起来如 i 中所示，并且图像变得更容易分类

图 2.2　从不同场景和视点捕获的不同类别的汽车图像

2.1.2　分类器

分类是现代计算机视觉和模式识别的核心。分类器的任务是使用特征向量对图像或感兴趣区域(RoI)划分类别。分类任务的困难程度取决于来自相同类别图像的特征值的可变性,以及相对于来自不同类别图像的特征值的差异性。但是,完美的分类性能通常是不可能的。这主要是因为:噪声(以阴影、遮挡、透视扭曲等形式),异常值(例如,来自"建筑物"类别的图像可能包含人、动物、建筑物或汽车类别),模糊性(例如,相同的矩形形状可以对应于桌子或建筑物窗户),缺少标签,仅有小训练样本可用,以及训练数据样本中的正/负覆盖的不平衡。因此,设计分类器以做出最佳决策是一项具有挑战性的任务。

2.2　传统特征描述符

传统(手工设计)特征提取方法可分为两大类:全局和局部。全局特征提取方法定义了一组有效描述整个图像的全局特征。因此,形状细节被忽略。全局特征也不适用于识别部分遮挡的对象。另一方面,局部特征提取方法提取关键点周围的局部区域,因此可以更好地处理遮挡[Bay-ramoglu and Alatan,2010;Rahmani et al.,2014]。在此基础上,本章的重点是局部特征及其描述符。

检测关键点并在它们周围构建描述符的各类方法已经被开发出来。

例如，局部描述符（如 HOG［Triggs and Dalal，2005］、SIFT［Lowe，2004］、SURF［Bay et al.，2008］、FREAK［Alahi et al.，2012］、ORB［Rublee et al.，2011］、BRISK［Leutenegger et al.，2011］、BRIEF［Calonder et al.，2010］和 LIOP［Wang et al.，2011b］）已经用于大多数计算机视觉应用中。最近在识别领域取得的相当大的进展很大程度上归功于这些特征，例如，光流估计方法使用方向直方图来处理大幅度运动，图像检索和运动恢复结构是基于 SIFT 描述符的。值得注意的是，将在第4 章中讨论的 CNN 与传统的手工工程特征并没有太大的不同。CNN 中的第一层利用梯度学习，类似于诸如 HOG、SIFT 和 SURF 之类的手工工程特征的方式。为了更好地理解 CNN，接下来描述三个重要且广泛使用的特征检测器和描述符（即 HOG［Triggs and Dalal，2005］、SIFT［Lowe，2004］和 SURF［Bay et al.，2008］）的一些细节。正如将在第4 章中看到的，CNN 还能够在其较低层中提取类似的手工工程特征（例如，梯度），但通过自动特征学习过程实现。

2.2.1　方向梯度直方图

HOG［Triggs and Dalal，2005］是一个特征描述符，用于自动检测图像中的对象。HOG 描述符对图像中局部部分的梯度方向的分布进行编码（见图 2.3）。

Triggs 和 Dalal 在 2005 年已经介绍了 HOG 特征，而且他们还研究了几种 HOG 描述符变体（R-HOG 和 C-HOG）的影响，这些变体使用了不同的梯度计算和归一化方法。HOG 描述符背后的想法是可以通过边缘方向的直方图来描述图像内的对象外观和形状。这些描述符的实现包括以下四个步骤。

1. 梯度计算

第一步是计算梯度值。在图像的水平和垂直方向上，执行一维中心点离散微分模板。具体地说，该方法需要用以下滤波器内核处理灰度图像：

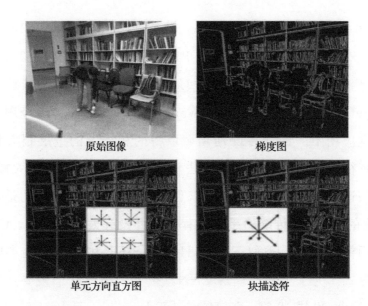

原始图像   梯度图

单元方向直方图   块描述符

图 2.3　HOG 描述符。注意，为了使图像效果清晰，我们仅显示四个单元的单
元方向直方图和对应于这四个单元的块描述符

$$f_x = [-1\ 0\ +1], f_y = [-1\ 0\ +1]^{\mathrm{T}} \tag{2.1}$$

因此，给定一个图像 I，以下卷积操作（表示为 $*$）得出图像 I 在 x 和 y 方向的导数：

$$I_x = I * f_x, I_y = I * f_y \tag{2.2}$$

因此，梯度的方向 θ 和梯度的大小 $|g|$ 计算如下：

$$\theta = \arctan \frac{I_y}{I_x}, |g| = \sqrt[2]{I_x^2 + I_y^2} \tag{2.3}$$

正如将在第 4 章中看到的，就像 HOG 描述符一样，CNN 也在层中使用卷积运算。然而，主要区别在于不使用手工设计的滤波器，例如式(2.1)中的 f_x、f_y。CNN 使用可训练的滤波器，使其具有高度自适应性。这就是它们可以在大多数应用（例如图像识别）中实现高精度水平的原因。

2. 单元方向直方图

第二步是计算单元直方图。首先，将图像分成小的（通常是 8×8 像素）单元。每个单元都有固定数量的梯度方向区间，它们均匀分布在 $0 \sim 180°$ 或 $0 \sim 360°$ 之间，具体取决于梯度是无符号还是有符号的 单元内的每个像素，基于该像素处梯度的模对每一个梯度方向区间投加权票。对于投票权重，可以是梯度大小、梯度大小的平方根或梯度大小的平方。

3. 描述符块

为了处理光照和对比度的变化，通过将单元组合在一起形成更大的空间上相连的块，局部地归一化梯度强度。然后，HOG 描述符是来自所有块区域内的、归一化的单元直方图部件的向量。

4. 块的归一化

最后一步是块描述符的归一化。设 v 是包含给定块中所有直方图的非归一化向量，$\|v\|_k$ 为它的 k 阶范数（$k=1$，2），ϵ 是一个小常量。归一化因子可以是如下之一：

$$\text{L2 范数}: v = \frac{v}{\sqrt{\|v\|_2^2 + \epsilon^2}} \tag{2.4}$$

或者

$$\text{L1 范数}: v = \frac{v}{\|v\|_1 + \epsilon} \tag{2.5}$$

或者

$$\text{L1 范数平方根}: v = \sqrt{\frac{v}{\|v\|_1 + \epsilon}} \tag{2.6}$$

还有另一个归一化因子 L2-Hys，它通过削减 v 的 L2 范数得到（将 v 的最大值限制为 0.2），然后重新归一化。

最终的图像/RoI 描述符是通过连接所有归一化的块描述符而形成的。Triggs 和 Dalal［2005］的实验结果表明，与非标准化方法相比，所有四种块归一化方法都取得了非常显著的改进。此外，L2 范数、L2-Hys 和 L1 范数平方根（L1-sqrt）归一化方法提供了类似的性能，而 L1 范数提供了可靠性稍差的性能。

2.2.2　尺度不变特征变换

SIFT［Lowe，2004］提供了一组对象的特征，这些特征对于对象缩放和旋转是健壮的。SIFT 算法由四个主要步骤组成，将在以下小节中讨论。

1. 尺度空间的极值侦测

第一步旨在确定对缩放和方向不变的潜在关键点。虽然可以使用几种技术来检测尺度空间中的关键点位置，但 SIFT 使用高斯差分（DoG），高斯差分是将两个不同尺度的图像（其中一个尺度为 σ，另一个是其 k 倍，即 $k \times \sigma$）的高斯模糊进行差分得到的。对于高斯金字塔中的图像的不同分组执行该过程，如图 2.4a 所示。

然后，在所有尺度和图像位置上搜索 DoG 图像以寻找局部极值。例如，将图像中的像素与其当前图像中的八个邻居以及上下尺度中的九个邻居进行比较，如图 2.4b 所示。如果它是所有这些邻居中的最小值或最大值，则它是潜在的关键点。这意味着关键点最好在该尺度表示。

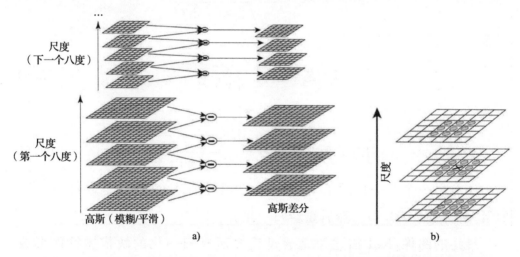

图 2.4　使用子八度高斯差分（sub-octave DoG）金字塔进行尺度空间特征检测。a）将子八度高斯金字塔的相邻级别相减以产生 DoG。b）通过将像素与其 26 个邻居进行比较来检测所得三维体中的极值（图片来自［Lowe，2004］，经许可使用）

2. 关键点精确定位

此步骤通过查找具有低对比度或在边缘上局部性较弱的那些点，从潜在关键点列表中移除不稳定点。为了拒绝低对比度关键点，计算尺度空间的泰勒级数展开以获得更准确的极值位置，并且如果每个极值处的强度小于阈值，则拒绝该关键点。

此外，DoG 功能沿边缘具有强响应，这导致在边缘上具有大的主曲率，但在 DoG 函数中的垂直方向上具有小曲率。为了移除位于边缘上的关键点，关键点处的主曲率是由关键点的位置和尺度的 2×2 Hessian 矩阵计算的。如果第一和第二特征值之间的比率大于阈值，则拒绝关键点。

> **注释**　在数学中，Hessian 矩阵或 Hessian 是标量函数的二阶偏导数的方阵。具体地说，假设 $f(x_1, x_2, \cdots, x_n)$ 是一个输出标量的函数，即，$f: \mathbb{R}^n \to \mathbb{R}$；如果在函数的定义域内，函数 f 的二阶偏导存在且连续，则函数 f 的 Hessian 矩阵 $\boldsymbol{H}$ 是一个 $n \times n$ 的方阵，定义如下：
>
> $$\boldsymbol{H} = \begin{bmatrix} \dfrac{\partial^2 f}{\partial x_1^2} & \dfrac{\partial^2 f}{\partial x_1 \partial x_2} & \cdots & \dfrac{\partial^2 f}{\partial x_1 \partial x_n} \\[3mm] \dfrac{\partial^2 f}{\partial x_2 \partial x_1} & \dfrac{\partial^2 f}{\partial x_2^2} & \cdots & \dfrac{\partial^2 f}{\partial x_2 \partial x_n} \\[3mm] \vdots & \vdots & & \vdots \\[3mm] \dfrac{\partial^2 f}{\partial x_n \partial x_1} & \dfrac{\partial^2 f}{\partial x_n \partial x_2} & \cdots & \dfrac{\partial^2 f}{\partial x_n^2} \end{bmatrix} \tag{2.7}$$

3. 方位定向

为了实现图像旋转的不变性，基于其局部图像属性为每个关键点分配一个不变的方向。然后可以相对于该方向表示关键点描述符。用于查找方向的算法包括以下步骤：

1）关键点的尺度用于选择具有最接近尺度的高斯模糊图像。

2）在该尺度下为每个图像像素计算梯度大小和方向。

3）如图 2.5 所示，从关键点周围的局部区域内像素的梯度方向构建方位直方图，覆盖 360°方向范围，由 36 个区间组成。

4）局部方位直方图中的最高峰对应于局部梯度的主导方向。此外，在最高峰的 80% 范围内的任何其他局部峰也被认为是具有该方向的关键点。

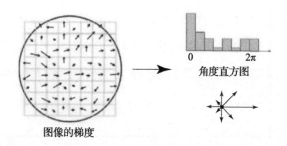

图 2.5　通过创建由梯度的模加权的所有梯度方向的直方图，然后在该分布中找到显著峰值，计算主导方向的估计

4. 关键点描述符

局部梯度的主导方向（直方图中的最高峰）也用于创建关键点描述符。梯度方向相对于关键点的方向旋转，然后由方差为 1.5 倍关键点尺度的高斯分布加权。然后，将关键点周围的 16×16 邻域分成 16 个大小为 4×4 的子块。对于每个子块，创建 8 分组的方向直方图。这样形成一个名为 SIFT 描述符的特征向量，包含 128 个元素。图 2.6 说明了从示例图像中提取的关键点的 SIFT 描述符。

图 2.6　SIFT 检测器和描述符的一个示例：a)输入图像；b)一些检测到的关键点及其对应的比例和方向；c)SIFT 描述符——每个关键点周围的 16×16 邻域被分为 16 个 4×4 大小的子块

5. SIFT 描述符的复杂性

总之，SIFT 尝试标准化所有图像（如果图像被损坏，SIFT 会缩小图像；如果图像被缩小，则 SIFT 将其放大）。这对应于这样一种想法，即如果可以在尺度为 σ 时的图像中检测到关键点，那么如果图像被放大，则我们将需要更大的维度 $k\sigma$ 来捕获相同的关键点。然而，SIFT 和许多其他手工工程特征的数学思想非常复杂，需要多年的研究。例如，Lowe [2004]

花了将近 10 年的时间来设计和调整 SIFT 参数。正如将在第 4 章、第 5 章和第 6 章中所示，CNN 还通过合并若干卷积层对图像执行一系列变换。然而，与 SIFT 不同，CNN 从图像数据中学习这些变换（例如，缩放、旋转、平移），而不需要复杂的数学思想。

2.2.3　加速健壮特征

SURF[Bay et al.，2008]是 SIFT 的加速版。在 SIFT 中，高斯拉普拉斯算子用 DoG 近似，以构造尺度空间。SURF 通过使用盒式滤波器估算 LoG 来加速此过程。因此，借助于积分图像可以容易地计算具有盒式滤波器的卷积，并且可以针对不同的尺度并行地执行。

1. 关键点定位

在第一步中，基于 Hessian 矩阵的斑点检测器用于定位关键点。Hessian 矩阵的行列式用于选择潜在关键点的位置和尺度。更确切地说，对于图像 I 上给定点 $p(x,y)$，$\boldsymbol{H}(p,\sigma)$ 表示在关键点 p 处尺度为 σ 的 Hessian 矩阵，定义如下：

$$\boldsymbol{H}(p,\sigma) = \begin{bmatrix} L_{xx}(p,\sigma) & L_{xy}(p,\sigma) \\ L_{xy}(p,\sigma) & L_{yy}(p,\sigma) \end{bmatrix} \tag{2.8}$$

其中，$L_{xx}(p,\sigma)$ 是图像 I 在关键点 p 处的高斯二阶导数的卷积 $\frac{\partial^2}{\partial x^2}g(\sigma)$，然而，SURF 使用近似的高斯二阶导数而不是使用高斯滤波器，这可以使用积分图像以非常低的计算成本进行估计。因此，与 SIFT 不同，SURF 不需要迭代地将相同的滤波器应用于先前滤波的层的输出，并且通过保持相同的图像并改变滤波器尺寸（如 9×9、25×15、21×21 和 27×27）来完成尺度空间分析。

然后，将图像中每个点的 3×3×3 邻域中的非极大值抑制应用到图像中的关键点定位中。然后使用 Brown 和 Lowe 在 2002 年提出的方法，在尺度和图像空间中对 Hessian 矩阵的行列式的最大值进行插值。

2. 方位定向

为了实现旋转不变性，计算围绕关键点的半径为 $6s$ 的圆形邻域内的

水平 x 和垂直 y 方向上的 Haar 小波响应，其中 s 是检测关键点的标尺。然后，水平 $\mathrm{d}x$ 和垂直 $\mathrm{d}y$ 方向上的 Haar 小波响应用以关键点为中心的高斯加权，并表示为二维空间中的点。通过计算 60 度的滑动方向窗口内的所有响应的总和来估计关键点的主导定向。然后对窗口内的水平和垂直响应求和。两个求和的响应被认为是局部向量。所有窗口上的最长方向向量确定关键点的方向。为了在健壮性和角度分辨率之间取得平衡，需要仔细选择滑动窗口的尺寸。

3. 关键点描述符

为了描述每个关键点 p 周围的区域，将 p 点周围的一个 $20s \times 20s$ 的正方形区域提取出来，然后沿着 p 的方向定向。p 周围的归一化取向区域被分成较小的 4×4 正方形子区域。对于每个子区域，在 5×5 的规则间隔的采样点处提取水平 $\mathrm{d}x$ 和垂直 $\mathrm{d}y$ 方向上的 Haar 小波响应。为了实现对变形、噪声和平移的更强的健壮性，Haar 小波响应用高斯加权。然后，在每个子区域上对 $\mathrm{d}x$ 和 $\mathrm{d}y$ 求和，结果形成特征向量中的第一组条目。计算响应的绝对值之和，$|\mathrm{d}x|$ 和 $|\mathrm{d}y|$ 也计算出来，然后将其添加到特征向量以编码关于强度变化的信息。由于每个子区域具有 4 维特征向量，因此连接所有 4×4 子区域导致 64 维描述符。

2.2.4　传统的手工工程特征的局限性

直到最近，计算机视觉的进步是基于手工工程特征的。然而，特征工程是困难的、耗时的，并且需要关于问题领域的专业知识。手工工程特征(如 HOG、SIFT、SURF 或其他类似算法)的另一个问题是它们在信息方面太稀疏，无法从图像中捕获。这是因为对于大多数计算机视觉任务(例如图像分类和对象检测)而言，一阶图像微分并不是充分特征。而且，特征的选择通常取决于应用。更确切地说，这些特征不会有助于从先前的学习/表示(迁移学习)中学习。此外，手工工程特征的设计受限于人类可以制定的复杂性。使用诸如深度神经网络的自动特征学习算法可以解决所有这些问题，这将在随后的章节(第 3~6 章)中介绍。

2.3　机器学习分类器

机器学习通常分为三个主要类型，即有监督、无监督和半监督。就有监督学习方法而言，目的是在给定一组**标记的**输入-输出对的情况下，学习从输入到输出的映射。第二种类型的机器学习是无监督学习方法，我们只给出输入，目标是自动在数据中找到感兴趣的模式。这个问题不是一个明确定义的问题，因为我们不知道要寻找什么样的模式。而且没有明显的误差度量标准可供使用，这点与有监督学习不同，在有监督学习中可以将给定样本的标签预测与观察值进行比较。第三种类型的机器学习是半监督学习，其通常将少量标记数据与大量未标记数据组合以生成适当的功能或分类器。大型数据集的标记过程的成本是不可承受的，而未标记数据的获取相对便宜。在这种情况下，半监督学习方法具有很大的实用价值。

另一类重要的机器学习算法是"增强学习"，其中算法允许代理在给定的规则（对世界的观察）下自动确定理想行为。每个代理都对周边环境有一些影响，而且这些环境会提供激励反馈指导学习算法。然而，在本书中，我们的重点主要是有监督学习方法，这是在实践中使用最广泛的机器学习方法。

各类文献中已经提出了广泛的有监督分类技术。这些方法可以分为三个不同的类别，即**线性**（例如，SVM［Cortes，1995］、逻辑回归、线性判别分析（LDA）［Fisher，1936］）、**非线性**（例如，多层感知机（MLP）、核函数支持向量机）和**基于集成的**（例如，RDF［Breiman，2001；Quinlan，1986］、AdaBoost［Freund and Schapire，1997］）分类器。集成方法的目标是组合几个基本分类器的预测，以改进单个分类器的泛化能力。集成方法可以分为两类，即平均（例如，套袋方法、随机决策森林［Breiman，2001；Quinlan，1986］）和增强（例如，AdaBoost［Freund and Schapire，1997］、梯度提升树［Friedman，2000］）。在平均方法的情况下，目标是独立地构建几个分类器，然后平均它们的预测。对于增强方法，基本的"弱"分类器是顺序构建的，并且试图减少组合起来的整体分类器的偏差。动机是结合几个弱模型来产生强大的整体。

机器学习分类器的定义有些抽象，即，通过实验可改进计算机视觉任务的能力。为了使其更加具体，下面将详细描述三种广泛使用的线性（SVM）、非线性（核函数 SVM）和集成（RDF）分类器。

2.3.1 支持向量机

SVM[Cortes，1995]是一种用于分类或回归问题的有监督机器学习算法。SVM 的工作原理是找到一个线性超平面，将训练数据集分为两类。由于存在许多这样的线性超平面，SVM 算法试图找到最佳分离超平面（如图 2.7 所示），当与最近的训练数据样本的距离（也称为边距）尽可能大时，这种超平面就直观地实现了。这是因为，通常情况下，边际越大，模型的泛化误差越低。

在数学上，SVM 是最大边际线性模型。给定由 n 个数据样本组成的训练集，形式为 $\{(\boldsymbol{x}_1，y_1)，\cdots，(\boldsymbol{x}_n，y_n)\}$，其中 $\boldsymbol{x}_i$ 是一个 m 维的特征向量，$y_i=\{1，-1\}$ 是样本 $\boldsymbol{x}_i$ 所属的类别。SVM 的目标是找到最大边际的超平面，将 $y_i=1$ 的数据样本组与 $y_i=-1$ 的样本组分离开。如图 2.7b（粗体蓝线）所示，该超平面可以写为满足以下等式的一组样本点：

$$\boldsymbol{w}^{\mathrm{T}}\boldsymbol{x}_i+b=0 \tag{2.9}$$

其中，$\boldsymbol{w}$ 是超平面的法向量。更确切地说，超平面上方的任何样本都应该有标签 1，即所有满足 $\boldsymbol{w}^{\mathrm{T}}\boldsymbol{x}_i+b>0$ 的 $\boldsymbol{x}_i$，其对应的 y_i 为 1。类似地，超平面下的任何样本都应该有标签 -1，即所有满足 $\boldsymbol{w}^{\mathrm{T}}\boldsymbol{x}_i+b<0$ 的 $\boldsymbol{x}_i$，其对应的 y_i 为 -1。

请注意，超平面（或决策边界，图 2.7b 中的粗体蓝线）与任意一类的最近数据样本之间存在一些空间。因此，重新调整样本数据，使得超平面 $\boldsymbol{w}^{\mathrm{T}}\boldsymbol{x}_i+b=1$ 上或上方的任何样本都是具有标记为 1 的一个类，并且超平面 $\boldsymbol{w}^{\mathrm{T}}\boldsymbol{x}_i+b=-1$ 上或下面的任何样本都是具有标记 -1 的另一个类。由于这两个新的超平面是平行的，它们之间的距离是 $\dfrac{2}{\sqrt{\boldsymbol{w}^{\mathrm{T}}\boldsymbol{w}}}$，如图 2.7c 所示。

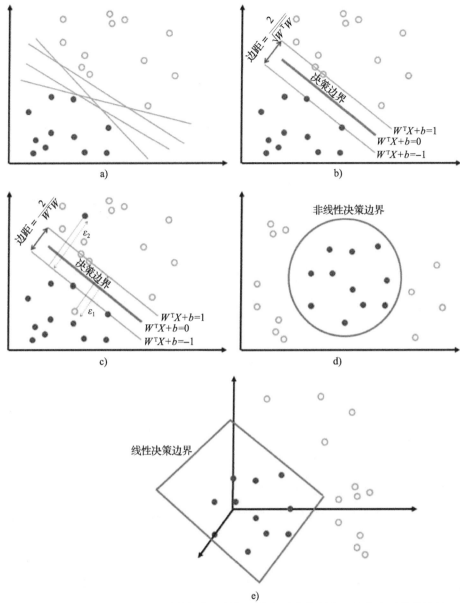

图 2.7　对于两类可分离的训练数据集，例如 a 中所示的数据集，有许多可能的线性
　　　　分类器，如 a 中的蓝线所示。直观地，在两个类的数据样本之间的空隙中间
　　　　绘制的分离超平面（也称为决策边界）（b 中的粗体蓝线）看起来好于 a 中所示的
　　　　那些。SVM 定义了最远离任何数据点的决策边界的标准。从决策面到最近数
　　　　据点的距离确定了分类器的边距，如 b 中所示。在 b 中所示的硬间隔 SVM
　　　　中，单个异常值可以确定决策边界，这使得分类器对数据中的噪声过于敏感。
　　　　然而 c 中所示的软间隔 SVM 分类器通过为每个样本引入松弛变量 ξ_i，允许每
　　　　个类的一些样本出现在决策边界的另一侧。d 展示了一个例子，其中类不能
　　　　通过线性决策边界分离。因此，如 e 所示，将原始输入空间 $\mathbb{R}^2$ 投影到 $\mathbb{R}^3$ 上，
　　　　可以找到线性判定边界，即使用核技巧

回想一下，SVM 试图最大化这两个新超平面之间的距离，这两个平面分割两个类，这相当于最小化 $\dfrac{\boldsymbol{w}^{\mathrm{T}} \boldsymbol{w}}{2}$ 。因此，SVM 通过解决以下的原始优化问题来学习：

$$\min_{\boldsymbol{w},b} \frac{\boldsymbol{w}^{\mathrm{T}} \boldsymbol{w}}{2} \tag{2.10}$$

满足：

$$y_i(\boldsymbol{w}^{\mathrm{T}} \boldsymbol{x}_i + b) \geqslant 1 (\forall \text{ 样本 } \boldsymbol{x}_i) \tag{2.11}$$

1. 软间隔扩展

在训练样本不能完全线性分离的情况下，SVM 可以通过引入松弛变量，允许某一类的一些样本出现在超平面（边界）的另一侧，每个样本 $\boldsymbol{x}_i$ 对应一个变量 ξ_i，优化问题变为：

$$\min_{\boldsymbol{w},b,\xi} \frac{\boldsymbol{w}^{\mathrm{T}} \boldsymbol{w}}{2} + C \sum_i \xi_i \tag{2.12}$$

满足：

$$y_i(\boldsymbol{w}^{\mathrm{T}} \boldsymbol{x}_i + b) \geqslant 1 - \xi_i, \quad \xi_i \geqslant 0 (\forall \text{ 样本 } \boldsymbol{x}_i) \tag{2.13}$$

与将在第 3 章中介绍的深度神经网络不同，线性 SVM 只能解决线性可分的问题，即属于类 1 的数据样本可以通过超平面与属于类 2 的样本分离，如图 2.7 所示。但是，在许多情况下，数据样本不是线性可分的。

2. 非线性决策边界

通过将原始输入空间（$\mathbb{R}^d$）投影到高维空间（$\mathbb{R}^D$）中可以将 SVM 扩展到非线性分类，有希望找到分离超平面。因此，二次规划问题的表达方式如上（式（2.12）和式（2.13）），但是，所有的 $\boldsymbol{x}_i$ 用 $\phi(\boldsymbol{x}_i)$ 替代，其中 ϕ 提供了一个向更高维空间的映射。

$$\min_{\boldsymbol{w},b,\xi} \frac{\boldsymbol{w}^{\mathrm{T}} \boldsymbol{w}}{2} + C \sum_i \xi_i \tag{2.14}$$

满足：

$$y_i(\boldsymbol{w}^{\mathrm{T}} \phi(\boldsymbol{x}_i) + b) \geqslant 1 - \xi_i, \quad \xi_i \geqslant 0 (\forall \text{ 样本 } \boldsymbol{x}_i) \tag{2.15}$$

3. 对偶支持向量机

当 D 远大于 d 时，学习 w 还需要更多的参数。为了避免这种情况，SVM 的对偶形式用于优化问题。

$$\max_{\alpha} \sum_i \alpha_i - \frac{1}{2} \sum_{i,j} \alpha_i \alpha_j y_i y_j \phi(x_i)^{\mathrm{T}} \phi(x_j) \tag{2.16}$$

满足：

$$\sum_i \alpha_i y_i = 0, 0 \leqslant \alpha_i \leqslant C \tag{2.17}$$

其中，C 是一个超参数，它控制模型的错误分类程度，以防各类不能线性可分。

4. 核技巧

由于 $\phi(x_i)$ 处于高维空间（甚至是无限维空间），因此计算 $\phi(x_i)^{\mathrm{T}} \cdot \phi(x_j)$ 可能是难以处理的。然而，存在特殊的核函数，例如线性、多项式、高斯和径向基函数（RBF），其对较低维向量 x_i 和 x_j 进行操作以产生等效于较高维向量的点积值。例如，考虑函数 ϕ：$\mathbb{R}^3 \to \mathbb{R}^{10}$

$$\phi(x) = (1, \sqrt{2} x^{(1)}, \sqrt{2} x^{(2)}, \sqrt{2} x^{(3)}, [x^{(1)}]^2, [x^{(2)}]^2, [x^{(3)}]^2, \sqrt{2} x^{(1)} x^{(2)},$$
$$\sqrt{2} x^{(1)} x^{(3)}, \sqrt{2} x^{(2)} x^{(3)}) \tag{2.18}$$

值得注意的是，对于给定的函数 ϕ，如式（2.18）所示，有如下等式：

$$K(x_i, x_j) = (1 + x_i^{\mathrm{T}} x_j)^2 = \phi(x_i)^{\mathrm{T}} \cdot \phi(x_j) \tag{2.19}$$

因此，不用计算 $\phi(x_i)^{\mathrm{T}} \cdot \phi(x_j)$，而是计算多项式核函数 $K(x_i, x_j) = (1 + x_i^{\mathrm{T}} x_j)^2$，它的值等价于更高维的向量的点积 $\phi(x_i)^{\mathrm{T}} \cdot \phi(x_j)$。

请注意，除了点积 $\phi(x_i)^{\mathrm{T}} \cdot \phi(x_j)$ 被核函数 $K(x_i, x_j)$ 替代之外，优化问题完全相同。新空间中的点积 $\phi(x_i)^{\mathrm{T}} \cdot \phi(x_j)$ 对应于核函数 $K(x_i, x_j)$。

$$\max_{\alpha} \sum_i \alpha_i - \frac{1}{2} \sum_{i,j} \alpha_i \alpha_j y_i y_j K(x_i, x_j) \tag{2.20}$$

满足：

$$\sum_i \alpha_i y_i = 0, 0 \leqslant \alpha_i \leqslant C \tag{2.21}$$

总之，线性 SVM 可视为单层分类器，并且核方法 SVM 可视为 2 层神经网络。然而，与 SVM 不同，第 3 章表明深度神经网络通常是通过连接几个非线性隐藏层来构建的，因此可以从数据样本中提取更复杂的模式。

2.3.2 随机决策森林

随机决策森林[Breiman，2001；Quinlan，1986]是决策树的集成。如图2.8a所示，每棵树由分支和叶节点组成。分支节点基于特征向量的特定特征的值执行二元分类。如果特定特征的值小于阈值，则将样本分配给左分区，否则分配给右分区。图2.8b显示了用于确定照片是代表室内还是室外场景的可解释性的决策树。如果类是线性可分的，则在经过$\log_2 c$次决策之后，每个样本类将与剩余的$c-1$类分离并到达叶节点。对于给定的特征向量f，每棵树独立地预测其标签，并且使用多数投票方案用于预测特征向量的最终标签。已经证明随机决策森林是快速有效的多类分类器[Shotton et al.，2011]。

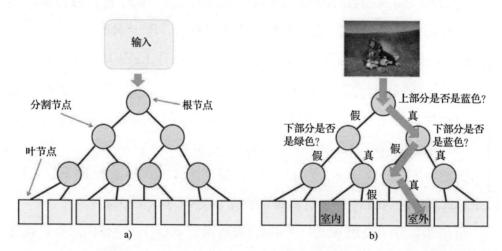

图2.8 a)决策树是以分层方式组织的一组节点和边。分割（或内部）节点用圆圈表示，叶（或终端）节点用正方形表示。b)决策树是一棵树，其中每个分割节点存储应用于输入数据的测试功能。每个叶子存储最终标签（这里是"室内"还是"室外"）

1. 训练

在随机选择的训练数据样本上训练每棵树（通常2/3的训练数据），剩余的训练数据样本用于验证。为每个分支节点随机选择一个特征子集。

然后，我们搜索最好的特征 $f[i]$ 和相关的阈值 τ_i，最大化分区后的训练数据的信息增益。设定 $H(Q)$ 是训练数据的原始熵，$H(Q|\{f[i],\tau_i\})$ 是将训练数据集 Q 分割成左分区 Q_l 和右分区 Q_r 之后的信息熵。信息增益 G 等式如下：

$$G(Q|\{f[i],\tau_i\}) = H(Q) - H(Q|\{f[i],\tau_i\}) \qquad (2.22)$$

其中，

$$H(Q|\{f[i]\tau_i\}) = \frac{|Q_l|}{|Q|}H(Q_l) + \frac{|Q_r|}{|Q|}H(Q_r) \qquad (2.23)$$

$|Q_l|$ 和 $|Q_r|$ 表示左分区和右分区的数据样本数量。Q_l 的信息熵由如下等式给出：

$$H(Q_l) = -\sum_{i\in Q_l} p_i\log_2 p_i \qquad (2.24)$$

其中，p_i 是在 Q_l 中类 i 的数据样本的数量除以 $|Q_l|$。将最大化增益的特征及其相关的阈值选择为那个节点的分裂测试条件

$$\{f_g[i],\tau_i\}^* = \arg\max_{\{f_g[i],\tau_i\}} G(Q|\{f_g[i],\tau_i\}) \qquad (2.25)$$

熵和信息增益：熵和信息增益是 RDF 训练过程中的两个重要概念。这些概念通常在信息理论或概率课程中讨论，下面简要讨论一下。

信息熵定义为正在处理的信息的随机性的度量。更确切地说，熵越高，信息量越低。数学上讲，给定一个离散的随机变量 X，其可能的取值为 $\{x_1,\cdots,x_n\}$，概率质量函数 $P(X)$，信息熵 H（也称为香农熵）的等式如下：

$$H(X) = -\sum_{i=1}^{n} P(x_i)\log_2 P(x_i) \qquad (2.26)$$

例如，翻转一个对"正面向上"和"反面向上"没有偏向的硬币，所获信息是随机的（假设 X 可能取值为 {"正面向上"，"反面向上"}）。因此，式 (2.26) 可以写成

$$H(X) = -P("正面向上")\log_2 P("正面向上")$$

$$-P("反面向上")\log_2 P("反面向上") \qquad (2.27)$$

如图 2.9 所示，当概率为 1/2 时，这个二元熵函数（式（2.27））达到最大值（不确定性最大），意味着 $P(X=$"正面向上"$)=1/2$，或者类似的 $P(X=$"反面向上"$)=1/2$。当概率是 1 或者 0 时，即完全确定 $P(X=$"正面向上"$)=1$ 或者 $P(X=$"正面向上"$)=0$ 时，信息熵函数取得最小值（即 0 值）。

信息增益定义为信息熵 H 从先前状态到获取某些信息(t)的状态的变化，可以写成

$$G(Q \mid t)=H(Q)-H(Q \mid t) \tag{2.28}$$

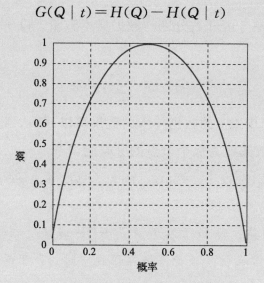

图 2.9　用于两分类变量的信息熵与概率

如果分区只包含一个类，则将其视为叶节点。由多个类组成的分区将被进一步划分，直到它们包含单个类或树达到其最大高度。如果达到树的最大高度并且其中一些叶节点包含来自多个类的标签，则将与已到达该叶节点的训练样本 v 的子集所关联的类的经验分布用作其标签。因此，第 t 棵树的概率叶预测器模型是 $\boldsymbol{p}_t(c \mid v)$，其中 $c \in \{c_k\}$ 表示该类。

2. 分类器

一旦训练了一组决策树，给定先前未见的样本 $\boldsymbol{x}_j$，每棵决策树逐层地应用多个预定义的测试，见图 2.10。从根开始，每个分割节点将

其关联的拆分函数应用于 x_j。根据二分测试的结果，将数据发送到右子分区或左子分区。重复此过程，直到数据点到达叶节点。通常，叶节点包含预测器（例如，分类器），其将输出（例如，类标签）与输入 x_j 相关联。在森林的情况下，将许多树预测器组合在一起以形成单个森林预测：

$$p(c \mid x_j) = \frac{1}{T} \sum_{t=1}^{T} p_t(c \mid x_j) \tag{2.29}$$

其中 T 表示森林中决策树的数量。

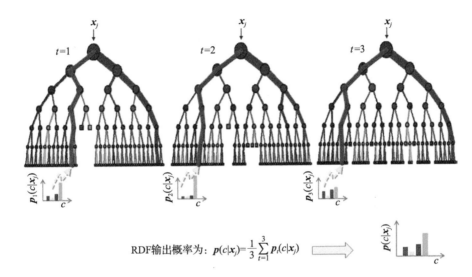

图 2.10　测试样本 x_j 的 RDF 分类。在测试期间，相同的测试样本通过每棵决策树。在每个内部节点处应用测试，并将测试样本发送给适当的子节点。重复该过程直到到达叶子。在叶子处，读取存储的后验证值 $p_t(c \mid x_j)$。森林类的后验证值 $p(c \mid x_j)$ 是所有决策树后验证值的平均值

2.4　总结

传统的计算机视觉系统包括两个步骤：特征设计和学习算法设计，两者很大程度上是独立的。因此，传统上通过设计手工工程特征来解决计算机视觉问题，例如 HOG[Triggs and Dalal, 2005]、SIFT[Lowe, 2004]和 SURF[Bay et al., 2008]，这些特征缺乏对其他领域的泛化能力，而且耗时、昂贵，并且需要关于问题域的专业知识。这些特征工程

过程之后是一些学习算法，如 SVM [Cortes，1995]和 RDF [Breiman，2001；Quinlan，1986]。然而，深度学习算法的进步解决所有这些问题，在端到端学习框架中，通过训练深度神经网络进行特征提取和分类。更准确地说，与传统方法不同，深度神经网络学会同时提取特征并对数据样本进行分类。第 3 章将详细讨论深度神经网络。

神经网络基础

3.1 引言

在详述 CNN 之前,我们在本章中提供了人工神经网络的简介,包括它们的计算机制以及历史背景。神经网络受到哺乳动物大脑皮层工作的启发。然而,重要的是,这些模型与人脑的工作、规模和复杂性并不十分相似。可以将人工神经网络模型理解为一组基本处理单元,它们紧密地互连并且在给定输入上操作以处理信息并生成期望的输出。基于信息在网络中传播的方式,可以将神经网络分为两个通用类别。

1. 前馈神经网络

前馈网络中的信息流动仅在一个方向上发生。如果将网络视为以神经元作为其节点的图形,则节点之间的连接使得图形中没有循环。这些网络架构可称为有向无环图(DAG)。示例包括多层感知机(MLP)和卷积神经网络(CNN),我们将在后续章节中详细讨论。

2. 反馈神经网络

顾名思义,反馈网络具有形成有向循环的连接。该架构允许它们操作并生成任意大小的序列。反馈网络具有记忆能力,可以在其内部存储器中存储信息和序列关系。这种架构的示例包括循环神经网络(RNN)和长短时记忆(LSTM)神经网络。

我们分别在 3.2 节和 3.3 节中提供前馈和反馈网络的示例架构。对于前馈网络,我们首先研究 MLP,它是这种架构的一个简单案例。在第 4 章中,我们将详细介绍 CNN,它们也以前馈方式工作。对于反馈网络,我们研究 RNN,由于我们主要关注 CNN,因此对 RNN 的深入研究超出了本书的范围。感兴趣的读者可以参考[Graves et al. 2012]中关于 RNN

的详细论述。

3.2 多层感知机

3.2.1 基础架构

图 3.1 显示了 MLP 网络架构的一个示例，该架构由三个隐藏层组成，夹在输入和输出层之间。简单来说，可以将网络视为一个黑盒子，它在一组输入上运行并产生一些输出。我们将在下面详细介绍这种架构的一些有趣方面。

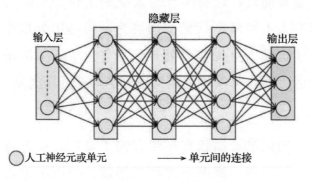

图 3.1　具有密集连接的简单前馈神经网络

分层架构：神经网络包含层次化的处理级别。每个级别称为"网络层"，由许多处理"节点"（也称为"神经元"或"单元"）组成。通常，输入通过输入层送入，最后一层是输出层，用于进行预测。中间层执行处理并称为隐藏层。由于这种分层架构，这种神经网络称为多层感知机（MLP）。

节点：每层中的各个处理单元称为神经网络架构中的节点。节点基本上实现了给定输入的"激活函数"，决定节点是否会触发。

密集连接：神经网络中的节点是互连的，可以相互通信。每个连接都有一个权重，指定两个节点之间连接的强度。对于前馈神经网络的简单情况，信息在一个方向上从输入层到输出层顺序传送。因此，层中的每个节点都直接连接到前一个层中的所有节点。

3.2.2　参数学习

正如在 3.2.1 节中所描述的，神经网络的权重定义了神经元之间的连接。需要适当地设置这些权重，以便可以从神经网络获得所需的输出。权重对从训练数据中生成的"模型"进行编码，该模型允许网络执行指定的任务（例如，对象检测，识别或分类）。在实际设置中，权重的数量很大，这需要一个自动程序依据给定任务来适当地更新它们的值。自动调整网络参数的过程称为"学习"，这是在训练阶段完成的（相对于测试阶段，测试阶段对"看不见的数据"进行推断/预测，即训练时网络尚未"看到"数据）。该过程涉及向网络显示所需任务的示例，以便它可以学习识别输入和所需输出之间的正确关系集。例如，在有监督学习的范例中，输入可以是媒体（语音、图像），并且输出是所期望的"标签"组（例如，人的身份），它用于调节神经网络参数。

我们现在描述一种学习算法的基本形式，称为 delta 规则。

1. delta 规则

delta 规则背后的基本思想是在训练阶段从神经网络的错误中学习。delta 规则由［Widrow et al.，1960］提出，其基于目标输出和预测输出之间的差异来更新网络参数（即，由 θ 表示权重，考虑 0 偏置）。该差异是根据最小均方（LMS）误差计算的，这就是 delta 学习规则也被称为 LMS 规则的原因。输出单元是由 x 表示的输入的"线性函数"，即：

$$p_i = \sum_j \theta_{ij} x_j$$

如果 p_n 和 y_n 分别表示预测输出和目标输出，则可以将误差计算为：

$$E = \frac{1}{2} \sum_n (y_n - p_n)^2 \tag{3.1}$$

其中 n 是数据集中的类别数（或输出层中的神经元个数）。delta 规则计算此误差函数（式（3.1））相对于网络参数的梯度 $\dfrac{\partial E}{\partial \theta_{ij}}$。给定梯度，根据以下学习规则迭代地更新权重：

$$\theta_{ij}^{t+1} = \theta_{ij}^t + \eta \frac{\partial E}{\partial \theta_{ij}} \qquad (3.2)$$

$$\theta_{ij}^{t+1} = \theta_{ij}^t + \eta (y_i - p_i) x_j \qquad (3.3)$$

其中，t 表示学习过程的前次迭代。超参数 η 表示计算出的梯度方向上的参数更新的步长。可以想象当梯度或步长为零时不会发生学习。在其他情况下，更新参数使得预测的输出更接近目标输出。在多次迭代之后，更新过程不会导致参数改变时，称网络训练过程收敛。

如果步长太小，网络将花费更长时间才能收敛，并且学习过程将非常慢。另一方面，采取非常大的步长，可能导致在训练过程中不稳定的反复无常的行为，结果网络可能根本不会收敛。因此，将步长设置为正确的值，对于网络训练非常重要。我们将在 5.3 节中讨论为 CNN 训练设定步长的不同方法，这些方法同样适用于 MLP。

2. 广义 delta 规则

广义 delta 规则是 delta 规则的扩展。它由［Rumelhart et al.，1985］提出。delta 规则仅计算输入和输出对之间的线性组合。这就限制了我们只能使用单层网络，因为许多线性层的堆栈并不比单个线性变换更好。为了克服这种限制，广义 delta 规则利用每个处理单元的非线性激活函数，模拟输入域和输出域之间的非线性关系。它还允许我们在神经网络架构中使用多个隐藏层，这个概念构成了深度学习的核心。用与 delta 规则相同的方式更新多层神经网络的参数，即：

$$\theta_{ij}^{t+1} = \theta_{ij}^t + \eta \frac{\partial E}{\partial \theta_{ij}} \qquad (3.4)$$

但是与 delta 规则不同，误差是通过多层网络递归地向后发送的。因此，广义 delta 规则也称为"反向传播"算法。因为对于广义 delta 规则的情况，神经网络不仅具有输出层而且还具有中间隐藏层，我们可以分别计算输出层和隐藏层的误差项（相对于期望输出的微分）。由于**输出层**的情况很简单，我们首先讨论该层的误差计算。

给定式(3.1)中的误差函数，对于每个节点 i，其相对于输出层 L 中的参数的梯度可以如下计算：

$$\frac{\partial E}{\partial \theta_{ij}^L} = \delta_i^L x_j \tag{3.5}$$

$$\delta_i^L = (y_i - p_i) f_i'(a_i) \tag{3.6}$$

其中，$a_i = \sum_j \theta_{i,j} x_j + b_i$ 是激励值，是神经元的输入（在激活函数之前）。x_j 是前一层的输出，$p_i = f(a_i)$ 是神经元的输出（对于输出层，则是预测值）。$f(\cdot)$ 是非线性激活函数，$f'(\cdot)$ 表示它的导数。为响应给定的输入激励，激活函数决定神经元是否会激活。注意，非线性激活函数是可微分的，因此可以使用误差反向传播来调整网络的参数。一种流行的激活函数是 sigmoid 函数，表示如下：

$$p_i = f(a_i) = \frac{1}{1 + \exp(-a_i)} \tag{3.7}$$

我们将在 4.2.4 节详细讨论其他激活函数。sigmoid 激活函数的导数是在理想情况下合适的，因为它可以根据 sigmoid 函数本身（即 p_i）写出，由下式给出：

$$f_i'(a_i) = p_i(1 - p_i) \tag{3.8}$$

因此，我们可以为输出层神经元写出其梯度等式

$$\frac{\partial E}{\partial \theta_{ij}^L} = (y_i - p_i)(1 - p_i) x_j p_i \tag{3.9}$$

类似地，我们可以在多层神经网络中，通过误差反向传播来计算中间**隐藏层**的误差信号，如下所示：

$$\delta_i^l = f'(a_i^l) \sum_j \theta_{ij}^{l+1} \delta_j^{l+1} \tag{3.10}$$

其中，$l \in \{1 \cdots L-1\}$，L 表示网络中的总层数。上述等式应用**链式规则**，使用所有后续层的梯度逐步计算内部参数的梯度。MLP 参数 θ_{ij} 的整体更新等式可写为：

$$\theta_{ij}^{t+1} = \theta_{ij}^t + \eta \delta_i^l x_j^{l-1} \tag{3.11}$$

其中，x_j^{l-1} 是前一层的输出，t 表示前次训练迭代的编号。完整的学习过程通常涉及多次迭代，并且参数不断更新，直到网络优化（即，经过了若干次迭代之后，或者 θ_{ij}^{t+1} 不再改变）。

梯度不稳定性问题：广义 delta 规则成功地应用于浅层网络（具有一个或两个隐藏层的网络）的情况。然而，当网络很深（即，L 很大）时，学习过程可能遭受梯度消失或梯度爆炸问题，这取决于激活函数的选择（例如，在上面的例子中的 sigmoid 函数）。这种不稳定性与深度网络中的初始层尤其相关。结果，初始层的权重不能正常地调整。我们用下面的例子解释一下。

考虑具有多个层的深度网络。使用激活函数将每个权重层的输出限制在小范围内（例如，对于 sigmoid 函数，取值范围为 $[0，1]$）。sigmoid 函数的梯度导致更小的值（见图 3.2）。为了更新初始层参数，根据链式规则连续地乘以导数（如式（3.10）所示）。这些乘法以指数方式衰减反向传播信号。如果我们考虑一个深度为 5 的网络，并且 sigmoid 的最大可能梯度值为 0.25，则衰减因子将为 $(0.25)^5 = 0.0009$。这称为"梯度消失"问题。类似地，很容易理解，在激活函数的梯度很大的情况下，连续乘法可能导致"梯度爆炸"问题。

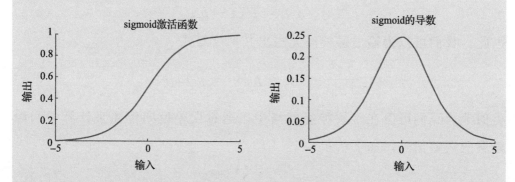

图 3.2　sigmoid 激活函数及其导数。注意，导数的值域范围相对较小，这导致梯度消失问题

我们将在第 4 章介绍修正线性单元（ReLU）激活函数，当单元激活时，其梯度等于 1。由于 $1^L = 1$，这避免了梯度消失和梯度爆炸问题。

3.3　循环神经网络

反馈网络在其网络架构中包含循环，允许它们处理时序数据。在许多应用(例如图像的字幕生成)中我们希望进行预测，使得它与先前生成的输出(例如，标题中已生成的字)一致。为实现此目的，网络以类似的方式处理输入序列中的每个元素(同时考虑先前的计算状态)。因此，它也称为 RNN。

由于 RNN 以依赖于先前计算状态的方式处理信息，因此它们提供了"记住"先前状态的机制。存储机制通常有效地仅记住先前由网络处理的短时信息。下面，我们概述 RNN 的架构细节。

3.3.1　基础架构

简单的 RNN 架构如图 3.3 所示。如上所述，它包含一个反馈回路，其工作可以通过随时间展开循环网络来显示(如图 3.3b 所示)。展开版本的 RNN 非常类似于 3.2 节中描述的前馈神经网络。因此，我们可以将 RNN 理解为一个简单的多层神经网络，其中信息流随时间发生，不同的层代表不同时刻的计算输出。RNN 对序列进行操作，因此输入以及每个时刻的输出也会变化。

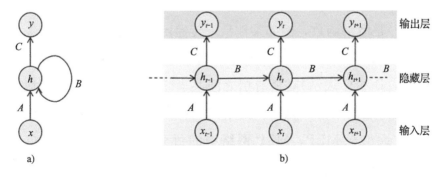

图 3.3　RNN 架构。a)具有反馈回路的简单循环网络。b)在不同时间步展开的循环架构

下面将重点介绍 RNN 架构的主要功能。

可变长度输入：RNN 可以对可变长度的输入(例如，具有可变帧长度的视频、具有不同数量的单词的句子、具有可变数量的点的 3D 点云）进行操作。展开的 RNN 结构的长度取决于输入序列的长度，例如，对于由 12 个单词组成的句子，在展开的 RNN 架构中将总共有 12 层。在图 3.3 中，在每个时刻 t，对网络的输入由变量 x_t 表示。

隐藏状态：RNN 在内部保存先前计算的存储，该隐藏状态由 h_t 表示。可以将该状态理解为展开的 RNN 结构中的前一层的输入。在序列处理开始时，用 0 或随机向量初始化它。在每个时间步，通过考虑其先前值和当前输入来更新该状态：

$$h_t = f(Ax_t + Bh_{t-1}) \tag{3.12}$$

其中，$f(\cdot)$ 是非线性激活函数。权重矩阵 B 称为转移矩阵，因为它影响隐藏状态随时间的变化。

可变长度输出：每个时间步的 RNN 输出用 y_t 表示。RNN 能够产生可变长度输出，例如，将一种语言的句子翻译成另一种语言，其中输出序列长度可以与输入序列长度不同。这是可能的，因为 RNN 在进行预测时会考虑隐藏状态。隐藏状态模拟先前处理的序列的联合概率，其可用于预测新输出。例如，在句子中给出一些起始单词，RNN 可以预测句子中的下一个可能的单词，其中句子的特殊结尾符号用于表示每个句子的结尾。在这种情况下，所有可能的单词（包括句子结尾符号）都包含在进行预测的字典中。

$$y_t = f(Ch_t) \tag{3.13}$$

其中，$f(\cdot)$ 是激活函数，例如柔性最大传递函数（softmax，见 4.2.4 节）。

共享参数：在展开 RNN 结构中，链接输入、隐藏状态和输出的参数（分别由 A、B 和 C 表示）在所有层之间共享。这就是整个架构可以使用循环来表示它的递归架构的原因。由于 RNN 中的参数是共享的，因此可调参数的总数远小于 MLP，MLP 网络中的每个层需要学习一组单独的参数。这样可以有效地训练和测试反馈网络。

基于上述的 RNN 架构的描述，可以注意到网络的隐藏状态确实提供了存储机制，但是当我们想要记住序列中的长时关系时它是没有效果的。因此，RNN 仅提供短时记忆并且难以"记住"（几步之外）通过它处理的旧信息。为了克服这一限制，文献中引入了改进版本的循环网络，其中包括长短时记忆网络（LSTM）［Hochreiter and Schmidhuber，1997］、门控递归单元（GRU）［Cho et al.，2014］、双向 RNN（B-RNN）［Graves and Schmidhuber，2005］和神经图灵机（NTM）［Graves et al.，2014］。但是，所有这些网络架构及其功能的详细信息都超出了本书的范围，本书主要关注前馈架构（特别是 CNN）。

3.3.2 参数学习

可以使用广义 delta 规则（反向传播算法）来学习反馈网络中的参数，类似于前馈网络。然而，不像在前馈网络中那样通过网络层进行误差反向传播，而是在反馈网络中通过时间执行反向传播。在每个时刻，RNN 的输出被计算为其先前和当前输入的函数。基于时间的反向传播（BPTT）算法不允许学习序列中的长时关系，因为长序列上的误差计算存在困难。具体说来，当迭代次数增加时，BPTT 算法遭受梯度消失或梯度爆炸问题的困扰。解决此问题的一种方法是通过截断展开的 RNN 计算误差信号。这降低了长序列的参数更新过程的成本，但是将每个时刻的输出依赖限制为少数的先前隐藏状态。

3.4　与生物视觉的关联

为了研究生物神经网络与人工神经网络的相似性和不同点，简要讨论生物神经网络（BNN）及其运行机制是重要的。事实上，人工神经网络在功能和规模方面与它们的生物学对应物并不相似，但是它们确实是由 BNN 激发的，并且用于描述人工神经网络的几个术语是从神经科学文献中借用的。因此，我们在大脑中引入神经网络，在人工神经元和生物神经元之间进行比较，并提供基于生物视觉的人工神经元模型。

3.4.1 生物神经元模型

人脑含有大约 1000 亿个神经元。为了解释这个数字，让我们假设有

1000 亿张一美元钞票，每张钞票只有 0.11 毫米厚。如果我们将所有这些一元钞票堆叠在一起，那么最终的堆将高达 10 922.0 千米。这说明了人脑的规模和大小。

生物神经元是处理信息的神经细胞[Jain et al., 1996]。每个神经元都被膜包围，并且具有包含基因的细胞核。它具有专门的突出物，用于管理神经细胞的输入和输出。这些突出物称为树突和轴突。下面描述生物神经元的这些和其他关键方面。

树突：树突是纤维，其作为接收线，从其他神经元来将信息（激活）传递给细胞体。它们是神经元的输入。

轴突：轴突是纤维，充当传输线，将信息从细胞体带到其他神经元。它们充当神经元的输出。

细胞体：细胞体（也称为体细胞）通过树突接收传入信息，处理并通过轴突将其发送到其他神经元。

突触：轴突和树突之间允许信号通信的专门连接称为突触。通过电化学过程进行通信，其中神经递质（化学物质）在突触处释放并扩散穿过突触间隙以传递信息。人脑中共有大约 1 千万亿（10^{15}）个突触[Changeux and Ricoeur, 2002]。

连接：神经元彼此密切地相互连接。平均而言，每个神经元接收来自大约 10^5 个突触的输入。

神经元激活：神经元通过树突从连接的神经元接收信号。如果组合的输入信号超过阈值，则细胞体对接收的信号求和并且神经元被激活。通过激活神经元，我们的意思是它产生一个通过轴突发出的输出。如果组合输入低于阈值，则神经元不产生响应信号（即，神经元不会激活）。决定神经元是否激活的阈值函数称为激活函数。

接下来，我们描述一个模拟生物神经元工作的简单计算模型（见图 3.4）。

3.4.2 神经元的计算模型

McCulloch 和 Pitts 在 1943 年提出了一种生物神经元的简单数学模

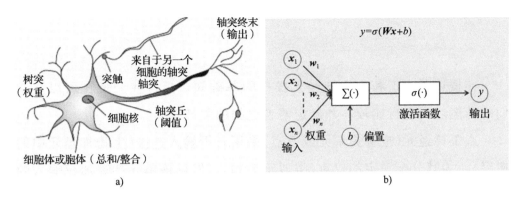

图 3.4　a)一个生物神经元。b)一个计算模型，该计算模型用于开发人工神经网络

型，称为阈值逻辑单元(TLU)。它由一组传入连接组成，这些连接为该单元提供来自其他神经元的激活。使用由$\{w\}$表示的一组权重对这些输入进行加权。然后处理单元对所有输入求和，并应用非线性阈值函数(也称为激活函数)来计算输出。然后将得到的输出传输到其他连接的神经元。我们可以如下表示 McCulloch-Pitts 神经元的操作

$$y = f\Big(\sum_{i=1}^{n} w_i x_i + b\Big) \tag{3.14}$$

其中，b 是阈值，w_i 表示突触权重，x_i 表示神经元的输入，$f(\cdot)$ 是非线性激活函数，对于最简单的情况，f 是阶跃函数，当输入小于 0 时(即，$\sum_{i=1}^{n} w_i x_i + b$ 小于激活阈值)，给出 0，当输入大于 0 时，在给出 1。在其他情况下，激活函数可以是 sigmoid、tanh 或者 ReLU(一个平滑的阈值操作，见第 4 章)。

　　McCulloch-Pitts 神经元是一个非常简单的计算模型。然而，它们已被证明可以很好地逼近复杂函数。McCulloch 和 Pitts 指出，由这些神经元组成的网络可以执行通用计算。神经网络的通用计算能力确保了它们仅使用有限数量的神经元来建模非常丰富的连续函数集的能力。这个事实被正式称为神经网络的"万能近似定理"。与 McCulloch-Pitts 模型不同，最先进的神经元模型还包含其他功能，如随机行为和非二进制输入和输出。

3.4.3 人工神经元与生物神经元

在概述了人工和生物神经元操作的基础知识后，我们现在可以在它们的功能之间进行比较，并确定两者之间的关键差异。

人工神经元(也称为单元或节点)采用若干输入连接(生物神经元中的树突)，为其分配一定的权重(类似于突触)。然后该单元计算加权输入的总和并应用激活函数(类似于生物神经元中的细胞体)。然后使用输出连接(轴突函数)传递单元的结果。

注意，上述生物神经元和人工神经元之间的类比，仅在总体上有效。实际上，生物神经元的功能存在许多重要差异。例如，生物神经元不对加权输入求和，而是树突以非常复杂的方式相互作用以组合输入信息。此外，生物神经元异步通信，不同于它们的计算对应物(人工神经元)，其采用同步操作。两种类型的神经网络中的训练机制也是不同的，生物网络中的训练机制尚不清楚。与目前具有前馈或反馈架构的人工网络相比，生物网络中的拓扑非常复杂。

卷积神经网络

4.1 引言

我们在第 3 章讨论了神经网络。CNN 是最流行的神经网络类型之一，特别是对于高维数据（例如图像和视频）。CNN 的运行方式与标准神经网络非常相似。然而，关键的区别在于 CNN 层中的每个单元是二维（或高维）滤波器（也叫卷积核），其与该层的输入进行卷积运算。这对于如下场景是必要的，即当我们想要从高维输入媒体（例如图像或视频）中学习或抽取模式时。CNN 滤波器通过与输入媒体类似（但更小）的空间形状来混合空间上下文，并且使用参数共享显著减少需学习的变量的数量。我们将在第 4 章、第 5 章和第 6 章中详细描述这些概念。但是，我们发现首先给出 CNN 的简要历史背景是很重要的。

最早的 CNN 形式是由福岛邦彦[Fukushima and Miyake，1982]提出的神经认知机模型。它由多个层组成，这些层针对模式识别自动学习了一个特征抽象的层次结构。神经认知机受[Hubel and Wiesel，1959]提出的关于初级视觉皮层的开创性工作的启发，该开创性工作揭示了大脑中的神经元以层的形式组织起来。这些层通过首先提取局部特征并随后将它们组合以获得更高级别的表示来学习、识别视觉模式。使用增强学习规则进行网络训练。[LeCun et al.，1989]提出的 LeNet 模型是神经认知机的一个重大改进，其中使用误差反向传播来学习模型参数。该 CNN 模型已成功应用于识别手写数字。

CNN 是适用于有监督和无监督学习范式的有用的模型类型。**有监督学习**机制是系统输入和所期望输出（真实标签）已知，模型学习两者之间的映射。在**无监督学习**机制中，给定输入集的真实标签是未知的，并且该模型旨在估计输入数据样本的基础分布。有监督学习任务(图像分类)的一个例子如图 4.1 所示。CNN 通过检测许多抽象特征表示,从简单的到更复杂的,学习将给定图像映射到其对应的类别。然后,这些可辨别特征在网络内用来预测输入图像的正确类别。神经网络分类器与我们在第 3 章中学习的 MLP 相同。回想一下,我们在第 2 章中回顾了流行的手工制作的特征表示和机器学习分类器。CNN 的功能类似于这个流水线,其关键区别在于,有用的特征表示的层次结构的自动学习,以及分类和特征抽取阶段可以以端到端的方式训练并在单一的流水线中集成。这减少了对手工设计和专家的人工干预的需要。

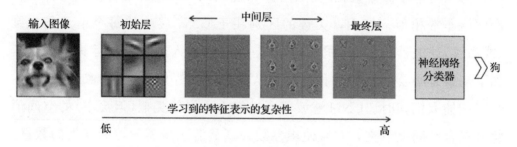

图 4.1　在初始层中 CNN 学习低级特征,然后是用于分类任务的更复杂的中间和高级特征表示。特征可视化来自于文献[Zeiler and Fergus,2014]

4.2　神经网络层

CNN 由几个基本构建块组成,称为 CNN 层。在本节中,我们将研究这些构建块及其在 CNN 架构中的功能。请注意,其中一些层实现了基本功能,例如归一化、池化、卷积和全连接。本节首先介绍这些基本层,以便对 CNN 层有一个基本的了解。除了这些基本但基础的构建块之外,我们还在本节后面介绍几个更复杂的层(例如,空间变换层和局部聚合描述符向量(VLAD)池化层),这些复杂层由多个构建块组成。

4.2.1　预处理

在将输入数据传递到网络之前,需要对数据进行预处理。使用的一般预处理步骤包括以下内容。

- **均值减法**(mean-subtraction)：通过减去在整个训练集上计算的平均值来修补输入(属于训练集和测试集)，使其以 0 为中心。给出 N 个训练图像，每一个用 x 表示($x \in \mathbb{R}^{h \times w \times c}$)，我们可以如下表示均值减法步骤：

$$x' = x - \hat{x}, \text{其中 } \hat{x} = \frac{1}{N} \sum_{i=1}^{N} x_i \tag{4.1}$$

- **归一化**(normalization)：将输入数据(属于训练集和测试集)除以在训练集上计算所得的每个输入维度(在图像中是像素)的标准差，以将标准差归一化为单位值。它可以如下表示：

$$x'' = \frac{x'}{\sqrt{\dfrac{\displaystyle\sum_{i=1}^{N} (x_i - \hat{x})^2}{N-1}}} \tag{4.2}$$

- **PCA 白化**(PCA whitening)：PCA 白化的目的是通过独立地对它们进行标准化来减少不同数据维度之间的相关性。该方法从零中心数据开始，并计算协方差矩阵，该矩阵编码数据维度之间的相关性。然后通过奇异值分解(SVD)算法分解该协方差矩阵，并且通过 SVD 算法将它投影到特征向量上实现数据去相关。然后，将每个维度除以其对应的特征值，以标准化数据空间中的所有相应维度。

- **局部对比归一化**(Local Contrast Normalization，LCN)：这种标准化方案从神经科学中获得灵感。如名称所示，该方法将特征图的局部对比度标准化以获得更突出的特征。它首先为每个像素生成局部邻域，例如，选择八个相邻像素作为单位半径。之后，像素零中心化，且其均值使用其自身和相邻像素值计算获得。类似地，像素也用其自身和相邻像素值的标准差进行归一化(仅当标准差大于 1 时)。得到的像素值用于进一步的计算。

  另一种类似的方法是局部响应归一化[Krizhevsky et al.，2012]，将归一化从卷积层中的相邻滤波器中获得的特征的对比度。

请注意，PCA 白化可以放大数据中的噪声，因此最近的 CNN 模型只使用简单的均值减法（以及可选的归一化步骤）进行预处理。通过均值减法和归一化实现的缩放和移位有助于基于梯度的学习。这是因为对所有输入维度的网络权重进行了等效更新，从而实现了稳定的学习过程。此外，局部对比归一化（LCN）和局部响应归一化（LRN）在最近的架构中并不常见，因为其他方法（例如，我们将在 5.2.4 节中描述的批量归一化）已被证明更有效。

4.2.2 卷积层

卷积层是 CNN 中最重要的组成部分。它包括一组滤波器（也称为卷积核），它们与给定输入进行卷积以生成输出特征图。

什么是滤波器？ 卷积层中的每个滤波器都是离散数字的网格。例如，考虑图 4.2 中的 2×2 滤波器。在 CNN 训练期间，每个滤波器的权重（网格中的数字）可以学习得到。该学习过程涉及在训练开始时随机初始化滤波器权重（权重初始化的不同方法将在 5.1 节中讨论）。之后，给定输入-输出对，在学习过程期间，在许多次不同的迭代中调整滤波器权重。我们将在第 5 章中详细介绍网络训练。

图 4.2　一个 2 维图像的滤波器的例子

什么是卷积操作？ 我们之前提到，卷积层在滤波器和该层的输入之间执行卷积。让我们考虑图 4.3 中的 2 维卷积来深入了解该层的操作。给定一个 2 维输入特征图和一个卷积滤波器，它们的矩阵大小分别为 4×4 和 2×2，卷积层将 2×2 滤波器与输入特征图的高亮小块（也是 2×2）相乘，并将所有值相加，从而生成输出特征图中的一个值。请注意，滤波器沿输入特征图的宽度和高度滑动，此过程将持续直到滤波器无法再进一步滑动。

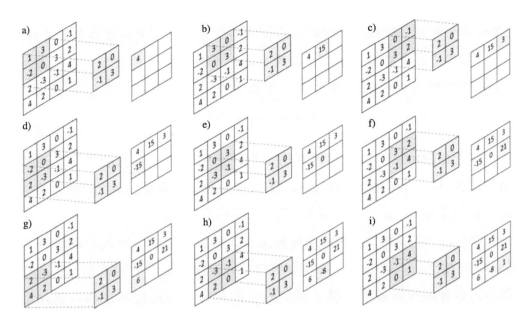

图 4.3　卷积层的操作如图所示。图 a～i 显示在每个步骤执行的计算，因为滤波器在输入特征图上滑动以计算输出特征图中的对应值。每个卷积步骤中，在一个 4×4 的输入特征上，2×2 滤波器（以绿色显示）与该特征图中相同大小的区域（以橙色显示）相乘，并将得到的值相加，以获得输出特征图中的一个对应条目（以蓝色显示）

注释　在信号处理文献中，术语"卷积"和"互相关"之间存在区别。我们上面描述的操作是"互相关操作"。在卷积过程中，唯一的区别是在乘法和求和池化之前，滤波器沿其高度和宽度移动（见图 4.4）。

图 4.4　信号处理文献中互相关和卷积运算之间的区别。在机器学习中，这种区别通常并不重要，深度学习文献通常将那些层中实现的互相关操作当作卷积操作。在本书中，我们也遵循机器学习文献中采用的相同命名约定

在机器学习中，两种操作是等效的，两者之间很少有区别。这两个术语可互换使用，并且大多数深度学习库在卷积层中实现互相关函数，原因是，对于两个操作中任意一个，在正确的滤波器权重下网络

> 优化都将收敛。如果将卷积网络的权重替换为使用互相关网络学习的权重，则网络性能将保持不变，因为在这两个网络中仅改变操作的顺序，并且它们的判别能力保持不变。在本书中，我们遵循机器学习惯例，并没有区分这两个操作，即卷积层在我们的例子中执行互相关操作。

在上面的示例中，为了计算输出特征图的每个值，滤波器沿水平或垂直位置（即，沿着输入的列或行）采取步长为 1 的移动。该步长称为卷积滤波器的**步幅**（stride），如果需要，可以将其设置为不同的值（除 1 之外）。例如，步幅为 2 的卷积运算如图 4.5 所示。与前一示例中的步幅为 1 的情况相比，步幅为 2 导致较小的输出特征图。维度的缩减称为**子采样**操作。这种维度的缩减提供了对象的规模和姿势的适度不变性，这在诸如目标识别的应用中是有用的属性。我们将在讨论池化层的部分讨论其他子采样机制（见 4.2.3 节）。

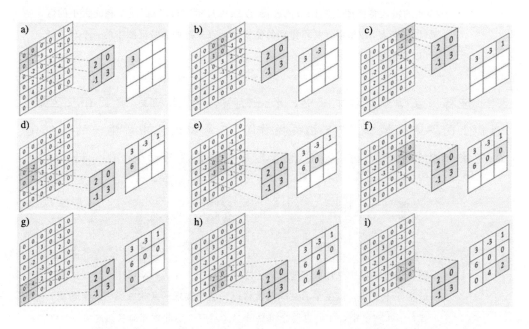

图 4.5   图中展示了具有填充幅度为 1 的零填充的输入且步幅为 2 的卷积层的操作。图 a～i 显示在每个步骤执行的计算，当滤波器在输入特征图上滑动以计算输出特征图的对应值。2×2 滤波器（以绿色显示）在 6×6 输入特征图（包括零填充）内与相同大小的区域（以橙色显示）相乘，并将得到的值相加以获得相应的条目，如每个卷积步骤的输出特征图中的蓝色所示

我们在图 4.3 中看到，与输入特征图相比，输出特征图的空间大小减小了。准确地说，对于尺寸为 $f \times f$ 的滤波器，输入特征图的大小为 $h \times w$，并且步幅为 s，则输出特征尺寸由下式给出：

$$h' = \left\lfloor \frac{h-f+s}{s} \right\rfloor, \quad w' = \left\lfloor \frac{w-f+s}{s} \right\rfloor \tag{4.3}$$

其中，$\lfloor \cdot \rfloor$ 表示向下取整操作。但是，在某些应用（例如图像去噪、图像超分辨率或图像分割）中，我们希望在卷积后保持空间大小不变（或甚至更大）。这很重要，因为这些应用程序需要在像素级别进行更密集的预测。此外，它可以避免输出特征维度的快速崩塌，从而允许我们设计更深的网络（即，具有更多的权重层）。这有助于实现更好的性能和更高分辨率的输出标签。这可以通过在输入特征图的周围应用**零填充**来实现。如图 4.5 所示，水平和垂直尺寸的零填充允许我们增加输出维度，因此在架构设计中提供了更大的灵活性。其基本思想是增加输入特征图的大小，以便获得具有所需尺寸的输出特征图。如果 p 表示沿每个维度给输入特征图增加的像素数（通过填充零），我们可以如下表示修改后的输出特征图尺寸：

$$h' = \left\lfloor \frac{h-f+s+p}{s} \right\rfloor, \quad w' = \left\lfloor \frac{w-f+s+p}{s} \right\rfloor \tag{4.4}$$

在图 4.5 中，$p=2$，因此输出维度从输入的 6×6 转化为 3×3。如果卷积层不对输入进行零填充并仅应用"有效"卷积，那么输出特征的空间大小将在每个卷积层之后减少一小部分，并且边界处的信息也将被非常快速地"冲走"。

填充卷积通常可以划分为基于零填充的三种类型：

- **有效卷积**是最简单的情况，不涉及零填充。滤波器始终保持在输入特征图中的"有效"位置（即，没有零填充值），并且输出尺寸沿高度和宽度减小 $f-1$。
- **同尺寸卷积**确保输出和输入特征图具有相等（"相同"）的尺寸。为实现此目的，输入会适当的零填充。例如，对于步幅为 1，填充由 $p = \left\lfloor \frac{f}{2} \right\rfloor$ 给出。这就是为什么它也称为"半"卷积。

- **全尺寸卷积**在卷积之前将最大可能的填充应用于输入特征图。最大可能的填充是所有卷积运算中至少有一个有效输入值的填充。因此，对于大小为 f 的滤波器，它等效于填充 $f-1$ 个零，使得在极端的角落处，卷积中将包括至少一个有效值。

感受野：你会注意到我们在输入方面使用了相对较小的卷积核。在计算机视觉中，输入具有非常高的维度数（例如，图像和视频），并且需要通过大规模 CNN 模型有效地处理。因此，我们不是定义等于输入空间大小的卷积滤波器，而是将它们定义为与输入图像相比明显更小的尺寸（例如，在实践中，3×3、5×5 和 7×7 的滤波器用于处理尺寸为 110×110、224×224 甚至更大的图像）。这种设计提供了两个主要优点：当使用较小尺寸的卷积核时，可学习参数的数量大大减少；小尺寸滤波器确保从局部区域（例如一幅图像中的不同对象部分）学习提取不同的模式。滤波器的大小（高度和宽度）定义了一个区域的空间范围，该区域可以被滤波器在每个卷积步骤中修改，因而滤波器的大小称为滤波器的"感受野"。注意，感受野具体与输入图像/特征的空间维度相关。当我们将许多卷积层堆叠在彼此之上时，每层的"有效感受野"（相对于网络的输入）成为所有先前卷积层的感受野的函数。对于一个 N 层堆叠的卷积层（每层配置一个核的大小为 f 的卷积核）而言，其有效感受野如下：

$$\mathrm{RF}_{\mathrm{eff}}^{n} = f + n(f-1), \quad n \in [1, N] \tag{4.5}$$

例如，如果我们堆叠两个卷积层（其内核大小分别为 5×5 和 3×3），则第二层的感受野将是 3×3，但其相对于输入图像的有效感受野将是 7×7。当堆叠卷积层的步幅和滤波器尺寸不同时，每层的有效感受野可以用更一般的形式表示如下：

$$\mathrm{RF}_{\mathrm{eff}}^{n} = \mathrm{RF}_{\mathrm{eff}}^{n-1} + \left((f_n - 1) * \prod_{i=1}^{n-1} s_i \right) \tag{4.6}$$

其中，f_n 表示第 n 层的滤波器大小，s_i 表示每一个前一层的步幅长度，$\mathrm{RF}_{\mathrm{eff}}^{n-1}$ 表示前一层的有效感受野。

扩展感受野：为了实现具有相对减少的参数数量的非常深的模型，成功的策略是将许多具有较小的感受野的卷积层堆叠（例如，在第 6 章中的 VGGnet［Simonyan and Zisserman，2014b］的感受野为 3×3）。然而，这限制了所学习的卷积滤波器的空间上下文，其仅与层数线性地成比例。在需要像素级密集预测的分割和标记等应用中，理想的特征是使用卷积层中较大的感受野来聚合更广泛的上下文信息。**扩张卷积**（或空洞卷积［Chen et al.，2014］）是一种扩展感受野大小而不增加参数数量的方法［Yu and Koltun，2015］。中心思想是引入新的空洞参数（d），其在执行卷积时决定滤波器权重之间的间隔。如图 4.6 所示，一个因子为 d 的空洞意味着原始滤波器在每个元素之间扩展 $d-1$ 个空格，并且中间的空位置用零填充。结果是，将尺寸为 $f×f$ 的滤波器放大到大小为 $f+(d-1)(f-1)$。对应于具有预定义滤波器大小（f）、零填充幅度（p）、步幅（s）、空洞因子（d）且高度（h）和宽度（w）的输入的卷积运算的输出维数如下：

$$h' = \frac{h - f - (d-1)(f-1) + s + 2p}{s} \tag{4.7}$$

$$w' = \frac{w - f - (d-1)(f-1) + s + 2p}{s} \tag{4.8}$$

第 n 层的有效感受野可表示为：

$$\mathrm{RF}_{\mathrm{eff}}^{n} = \mathrm{RF}_{\mathrm{eff}}^{n-1} + d(f-1)，\qquad 满足\ \mathrm{RF}_{\mathrm{eff}}^{1} = f \tag{4.9}$$

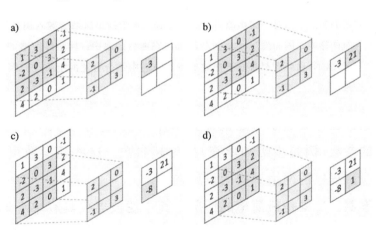

图 4.6　使用扩张滤波器进行卷积，其中扩张因子为 $d=2$

　　通过针对参数 d 的不同值查看空洞滤波器，可以容易地理解空洞操作的效果。图 4.7 展示了三个卷积层的堆叠，每个卷积层具有不同的空洞参数。在第一层中，$d=1$，空洞卷积相当于标准卷积。在这种情况下，感受野大小等于滤波器大小（即 3）。在第二卷积层中，其中 $d=2$，将内核的元素展开，使得在每个元素之间存在一个间隔。卷积滤波器的这种膨胀以指数方式将感受野大小增加到 7×7。类似地，在第三层中，$d=3$，其根据式（4.9）的关系将感受野大小增加到 13×13。这有效地允许我们在执行卷积时结合更广泛的上下文。已证明将多层的图像上下文结合可以提高基于深度 CNN 的分类、检测和分割的性能（见第 7 章）。

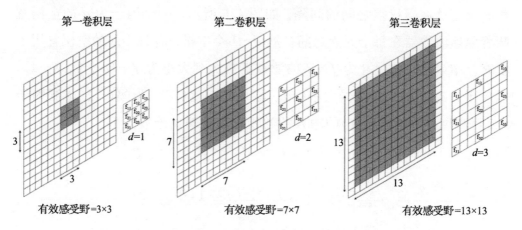

图 4.7 展示了三个卷积层，其滤波器的大小为 3×3。第一层、第二层和第三层的空洞因子（从左到右）分别为 1、2 和 3。关于输入图像的有效感受野在每个卷积层上以橙色显示。注意，有效的感受野对应于输入图像中的区域的大小，其影响卷积层中的每个输出激活。在第一层，每个输出激活受输入图像中 3×3 区域的影响，因为滤波器大小为 3×3。在随后的层中，网络深度增加且空洞因子增加，这两者都有助于在输出特征响应中结合更宽的上下文，因此感受野增加

超参数：在滤波器学习之前需要由用户设置（基于交叉验证或经验）的卷积层的参数（例如步幅和填充）称为超参数。这些超参数可以解释为基于给定应用程序的网络架构的设计选择。

高维案例：二维是最简单的情况，其中滤波器仅具有单个通道（表示为矩阵），其与输入特征通道卷积以产生输出响应。对于更高维度的情况，例如，当 CNN 层的输入是张量时（例如，在体积表示的情况下为三维），滤波器也是三维立方体，其沿输入特征图的高度、宽度和深度执行卷积，以生成相应的三维输出特征图。然而，上面针对二维情况讨论的所有概念仍然适用于二维及更高维度输入（诸如三维时空表示学习）的处

理。唯一的区别在于将卷积操作扩展到额外的维度，例如，对于三维的情况，除了在二维情况下沿着高度和宽度的卷积之外，还沿着深度执行卷积。类似地，可以沿着三维情况的深度执行零填充和跨步。

4.2.3　池化层

池化层对输入特征图的块进行操作，并组合其特征激活。该组合操作由诸如平均函数或最大函数之类的池化函数定义。与卷积层类似，我们需要指定池化区域大小和步幅大小。图 4.8 显示了最大池化操作，其中从所选的值块中选择最大激活。此窗口在输入特征图上滑动，步长由步幅定义（图 4.8 中的情况为 1）。如果池化区域的大小由 $f \times f$ 给出，使用步幅 s，则输出特征图的大小由下式给出：

$$h' = \left\lfloor \frac{h - f + s}{s} \right\rfloor, w' = \left\lfloor \frac{w - f + s}{s} \right\rfloor \tag{4.10}$$

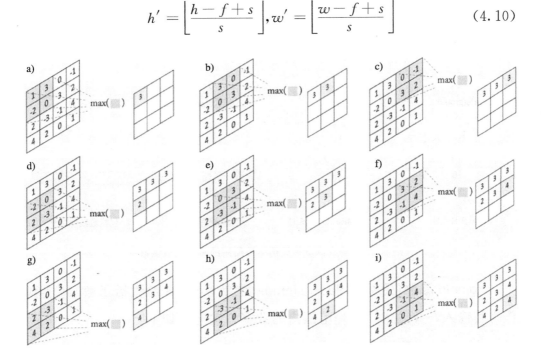

图 4.8　当池化区域的大小为 2×2 且步幅为 1 时，最大池化层的操作如图所示。图 a～i 显示在每个步骤执行的计算。每个步骤中，输入特征图中的池化区域（以橙色显示）滑动以计算输出特征图中的对应值（以蓝色显示）

池化操作有效地对输入特征图进行下采样。这种下采样过程对于获得紧凑的特征表示是有用的，该特征表示对于图像中的对象规模、姿势和平移的适度变化呈现出不变性[Goodfellow et al. ，2016]。

4.2.4 非线性

CNN 中的权重层(例如，卷积层和全连接层)之后通常是非线性激活(或分段线性)函数。激活函数采用实值输入并将其压缩到小范围内，例如[0，1]和[−1，1]。在权重层之后应用非线性函数非常重要，因为它允许神经网络学习非线性映射。在没有非线性的情况下，权重层的堆叠网络等效于从输入域到输出域的线性映射。非线性函数也可以理解为切换或选择机制，其决定在所有给定输入的情况下神经元是否将触发。深度神经网络中常用的激活函数是可微分的，以实现误差反向传播(见第 6章)。下面列出了深度神经网络中最常用的激活函数(见图 4.9)。

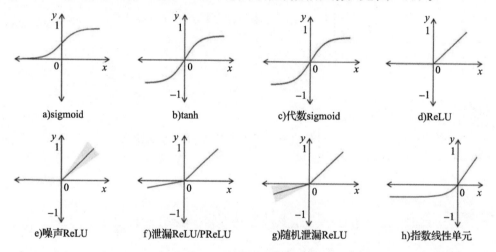

图 4.9 一些在深度神经网络中使用的常见激活函数

sigmoid 函数 (见图 4.9a)：sigmoid 激活函数(S 形激活函数)将实数作为其输入，并输出[0，1]范围内的数字。它定义如下：

$$f_{sigm}(x) = \frac{1}{1+e^{-x}} \tag{4.11}$$

tanh 函数 (见图 4.9b)：tanh 激活函数实现双曲正切函数，以将输入值压缩到[−1，1]范围内。它定义如下：

$$f_{tanh}(x) = \frac{e^x - e^{-x}}{e^x + e^{-x}} \tag{4.12}$$

代数 sigmoid 函数(见图 4.9c)： 代数 sigmoid 函数也将输入值映射到 [−1，1]范围内。它定义如下：

$$f_{a-\mathrm{sig}}(x) = \frac{x}{\sqrt{1+x^2}} \tag{4.13}$$

修正线性单元(ReLU)(见图 4.9d)： ReLU 是一种简单的激活函数，由于其计算快速，具有特殊的实际意义。如果输入为负，则 ReLU 函数将输入映射为 0；如果输入为正，则保持其值不变。这可以表示如下：

$$f_{\mathrm{relu}}(x) = \max(0,x) \tag{4.14}$$

ReLU 激活的灵感来自于人类视觉皮层的处理[Hahnloser et al.，2000]。ReLU 的流行和有效性导致它有很多变体，我们接下来会介绍它们。这些变体解决了 ReLU 激活函数的一些缺点，例如，泄漏 ReLU 不会将负输入完全减少到零。

噪声 ReLU(见图 4.9e)： ReLU 的噪声版本添加了服从高斯分布的样本，该高斯分布的均值为零，方差取决于正输入的输入值($\sigma(x)$)。它可以表示如下：

$$f_{\mathrm{n-rel}}(x) = \max(0,x+\epsilon), \quad \epsilon \sim \mathcal{N}(0,\sigma(x)) \tag{4.15}$$

泄漏 ReLU(见图 4.9f)： 如果输入为负，修正函数(见图 4.9d)将完全关闭输出。泄漏 ReLU 函数不会将输出降低到零值，而是输出负输入的缩小版本。它可以表示如下：

$$f_{\mathrm{l-rel}}(x) = \begin{cases} x, & x > 0 \\ cx, & x \leqslant 0 \end{cases} \tag{4.16}$$

其中 c 是泄漏因子，它是常数并且通常设置为较小值(例如，0.01)。

参数化线性单元(见图 4.9f)： 参数化 ReLU(PReLU)函数的行为与泄漏 ReLU 类似，唯一的区别是在网络训练期间学习了可调泄漏参数。它可以表示如下：

$$f_{\mathrm{p-rel}}(x) = \begin{cases} x, & x > 0 \\ ax, & x \leqslant 0 \end{cases} \tag{4.17}$$

其中 a 是在训练期间自动学习的泄漏因子。

随机泄漏修正线性单元(见图 4.9g)： 随机泄漏 ReLU(RReLU)从均

匀分布中随机选择泄漏 ReLU 函数中的泄漏因子。因此，

$$f_{\text{r-rel}}(x) = \begin{cases} x, & x > 0 \\ ax, & x \leqslant 0 \end{cases} \tag{4.18}$$

因子 a 在训练期间随机选择，并在测试阶段设定为平均值，以获得所有样本的贡献。从而，

$$a \sim \mathcal{U}(l, u) \qquad \text{训练阶段} \tag{4.19}$$

$$a = \frac{l+u}{2} \qquad \text{测试阶段} \tag{4.20}$$

均匀分布的上限和下限通常分别设定为 8 和 3。

指数线性单位(见图 4.9h)： 指数线性单位具有正值和负值，因此它们试图将平均激活推向零（类似于批量归一化）。它有助于加快训练过程，同时实现更好的性能。

$$f_{\text{elu}}(x) = \begin{cases} x, & x > 0 \\ a(e^x - 1), & x \leqslant 0 \end{cases} \tag{4.21}$$

这里，a 是非负的超参数，为响应负输入，其决定指数线性单位的饱和水平。

4.2.5 全连接层

全连接层基本上对应于具有 1×1 大小的滤波器的卷积层。全连接层中的每个单元密集地连接到前一层的所有单元。在典型的 CNN 中，全连接层通常在架构的末端放置。然而，文献中报道了一些成功的架构，其在 CNN 的中间位置使用这种类型的层（例如，NiN [Lin et al.，2013]，将在 6.3 节中讨论）。其操作可以表示为简单矩阵乘法，加上偏置项向量，然后执行逐元素方式的非线性函数 $f(\cdot)$：

$$y = f(W^{\mathrm{T}}x + b) \tag{4.22}$$

其中，x 和 y 分别是输入向量和输出激活向量，W 表示层间各单元之间连接的权重的矩阵，b 表示偏置项向量。请注意，全连接层与我们在 3.4.2 节中的多层感知机的情况下研究的权重层相同。

4.2.6　转置卷积层

正常卷积层将空间大尺寸输入映射到相对较小尺寸的输出。在一些情况下（例如，图像超分辨率应用），我们希望从空间低分辨率特征图到具有更高分辨率的更大输出特征图。这种要求通过转置卷积层（transposed convolution layer）实现，转置卷积层也称为"微步卷积层"或"上采样层"，有时（不正确地）称为"反"卷积层[⊖]。

可以将转置卷积层的操作解释为卷积层的等效物，但是通过在相反方向上穿过它，就像在反向传播期间的反向通过。如果正向通过卷积层给出低维卷积输出，则反向通过卷积层应该给出原始的空间的高维度输入。该反向变换层称为"转置卷积层"。通过重新查看图 4.3 的例子，可以很容易地理解标准卷积。在该示例中，将 2×2 滤波器应用于 4×4 输入特征图，其中步长为 1 且没有零填充以生成 3×3 输出特征图。注意，这种卷积运算可以表示为矩阵乘法，它在实践中提供了高效的实现。为此，我们可以将 2×2 的核表示为展开的托普利兹矩阵，如下所示：

$$K=$$

$$\begin{bmatrix} k_{1,1} & k_{1,2} & 0 & 0 & k_{2,1} & k_{2,2} & 0 & 0 & 0 & 0 & 0 & 0 & 0 & 0 & 0 & 0 \\ 0 & k_{1,1} & k_{1,2} & 0 & 0 & k_{2,1} & k_{2,2} & 0 & 0 & 0 & 0 & 0 & 0 & 0 & 0 & 0 \\ 0 & 0 & k_{1,1} & k_{1,2} & 0 & 0 & k_{2,1} & k_{2,2} & 0 & 0 & 0 & 0 & 0 & 0 & 0 & 0 \\ 0 & 0 & 0 & 0 & k_{1,1} & k_{1,2} & 0 & 0 & k_{2,1} & k_{2,2} & 0 & 0 & 0 & 0 & 0 & 0 \\ 0 & 0 & 0 & 0 & 0 & k_{1,1} & k_{1,2} & 0 & 0 & k_{2,1} & k_{2,2} & 0 & 0 & 0 & 0 & 0 \\ 0 & 0 & 0 & 0 & 0 & 0 & k_{1,1} & k_{1,2} & 0 & 0 & k_{2,1} & k_{2,2} & 0 & 0 & 0 & 0 \\ 0 & 0 & 0 & 0 & 0 & 0 & 0 & 0 & k_{1,1} & k_{1,2} & 0 & 0 & k_{2,1} & k_{2,2} & 0 & 0 \\ 0 & 0 & 0 & 0 & 0 & 0 & 0 & 0 & 0 & k_{1,1} & k_{1,2} & 0 & 0 & k_{2,1} & k_{2,2} & 0 \\ 0 & 0 & 0 & 0 & 0 & 0 & 0 & 0 & 0 & 0 & k_{1,1} & k_{1,2} & 0 & 0 & k_{2,1} & k_{2,2} \end{bmatrix}$$

⊖　注意，信号处理文献中的反卷积是指通过应用其逆滤波器 F^{-1} 来消除滤波器 F 的卷积运算的影响。该反卷积操作通常在傅里叶域中执行。这明显不同于并不使用逆滤波器的卷积转置层的操作。

这里，$k_{i,j}$ 表示第 i 行和第 j 列中的滤波器元素。对于输入特征图 X，卷积运算可以用 K 和向量化输入形式之间的矩阵乘法表示，即 $x=\text{vec}(X)$：

$$y = Kx \tag{4.23}$$

其中 y 是相应的向量化输出。在转置卷积中，我们通过输入 3×3 特征图以生成 4×4 的输出特征图，如下所示：

$$y = K^{\mathrm{T}}x \tag{4.24}$$

注意，上述两个方程中的 x 和 y 具有不同的尺寸。

转置的卷积层有效地对输入特征图进行上采样。这也可以理解为在实际值周围插入由空值组成的附加行和列，形成最终的输入特征图，并在其上进行卷积。然后，使用此上采样输入的卷积生成期望的结果。该过程如图 4.10 和图 4.11 所示，利用在图 4.3 和图 4.5 的例子中获得的输出。重要的是要注意，对于卷积转置操作，滤波器各项的值是已经求逆的。此外，请注意，卷积转置的输出维度等于原卷积运算的输入维度。但是，各个条目是不同的，因为卷积转置不会反转前向卷积。我们可以在给定大小为 $f\times f$、步幅为 s、填充长度为 p 的卷积核的情况下计算输出的维度：

$$h' = s(\hat{h} - 1) + f - 2p + (h - f + 2p)\bmod s \tag{4.25}$$

$$w' = s(\hat{w} - 1) + f - 2p + (w - f + 2p)\bmod s \tag{4.26}$$

其中 mod 表示模运算，$\hat{h}$ 和 $\hat{w}$ 表示没有任何零填充的输入维度，h 和 w 表示等效的前向卷积中输入的空间维度（如图 4.3 和图 4.5 所示）。

在图 4.10 所示的例子中，$p=0$，$s=1$，$f=2$，$\hat{h}=\hat{w}=3$。因此，输出特征图的空间维数为 $h'=w'=4$。在图 4.11 中，在每对输入元素之间添加 $s-1$ 个零值以扩展输入，从而产生空间大的输出。参数值为 $p=1$，$s=2$，$f=2$ 和 $\hat{h}=\hat{w}=3$，得到的输出维度为 $h'=w'=4$。

最后，重要的是要注意，从实现的角度来看，当将转置卷积实现为矩阵乘法运算时，与在输入特征图中某些位置零填充然后进行正常卷积相比，这种方法运算要快得多[Dumoulin and Visin，2016]。

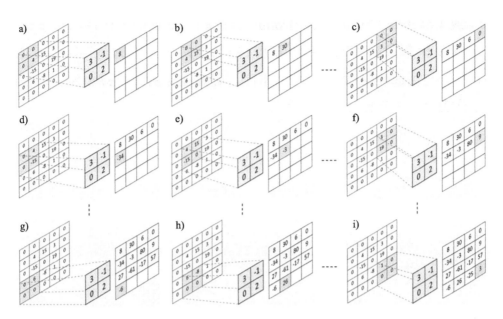

图 4.10　对应于图 4.3 所示的一个前向卷积运算（步幅为 1 且没有零填充）的卷积转置操作。此示例中的输入已经零填充，使得最终形成 4×4 的输出图。图 a~i 显示每个步骤执行的计算，因为滤波器在输入特征图上滑动以计算输出特征图中的对应值。2×2 滤波器（以绿色显示）在 5×5 输入特征图（包括零填充）内与相同大小的区域（以橙色显示）相乘，并将得到的值相加以获得相应的条目（在每个卷积转置步骤的输出特征图中以蓝色显示）。请注意，卷积转置操作不会反转卷积运算（图 4.3 中的输入和此处的输出不同）。但是，它可用于恢复特征图的空间维度中的损失（图 4.3 中的输入大小和此处的输出大小相同）。此外，请注意，与图 4.3 中使用的滤波器相比，卷积转置操作的滤波器值已反转

4.2.7　感兴趣区域的池化层

感兴趣区域（RoI）池化层是卷积神经网络的一个重要组成部分，主要用于目标检测（见图 4.12）[Girshick，2015]（略微修改的版本可用于相关任务，例如实例分割[He et al.，2017]）。在目标检测问题中，目的是使用包围盒精确定位图像中的每个对象，并使用相关对象类别对其进行标记。这些对象可以位于图像中的任何区域，并且通常在大小、形状、外观和纹理属性方面变化很大。这类问题一般会采取的措施是首先生成大量候选对象建议，目的是可以将在图像中发现的所有可能的对象包围盒囊括。对于这些初始建议，通常使用现成的检测器，例如选择性搜索[Uijlings et al.，

2013]或 EdgeBox［Zitnick and Dollár，2014］。最近的工作还提出了将建议生成步骤集成到 CNN 中的方法（例如，区域建议网络［Ren et al.，2015]）。与生成建议（通常＜1％）相比，有效性检测（方法）非常少，因此用于处理所有否定检测的资源都是浪费。

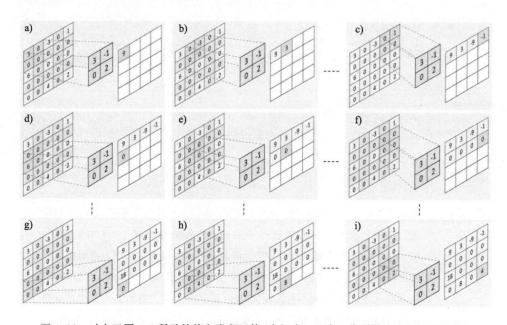

图 4.11　对应于图 4.5 所示的前向卷积运算（步幅为 2 且有 1 位零填充）的卷积转置操作。此示例中的输入已在特征映射图的值之间进行零填充，以获得 4×4 输出（以浅蓝色显示）。图 a~i 显示在每个步骤执行的计算，因为滤波器在输入特征图上滑动以计算输出特征图中的对应值。2×2 滤波器（以绿色显示）在 5×5 输入特征图（包括零填充）内与相同大小的区域（以橙色显示）相乘，并将得到的值相加以获得相应的条目（在每个卷积转置步骤的输出特征图中以蓝色显示）。注意，卷积转置操作并不反转卷积运算（图 4.5 中的输入和此处的输出是不同的）。但是，它可用于恢复特征图的空间维度中的损失（图 4.5 中的输入大小和此处的输出大小相同）。此外，请注意，与图 4.5 中使用的滤波器相比，卷积转置操作的滤波器值已经求逆

　　RoI 池化层为该问题提供了一个解决方案，在网络架构中它推迟针对单个包围盒的特别处理。通过深度网络处理输入图像，并且获得中间 CNN 特征图（与输入图像相比，具有减小的空间维度）。RoI 池化层采用完整图像的输入特征图和每个 RoI 的坐标作为其输入。RoI 坐标可用于粗略定位与特定对象相对应的特征。然而，由此获得的特征具有不同的空间尺寸，因为每个 RoI 可以具有不同的尺寸。由于 CNN 层只能在固定

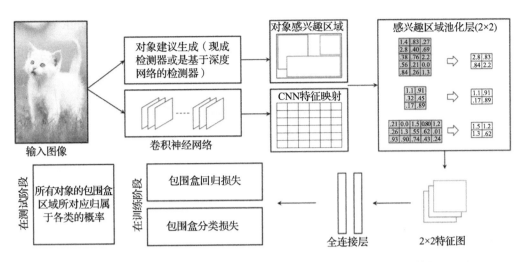

图 4.12　图中展示了目标检测框架中 RoI 池化层的功能。注意，为了清楚起见，这里已经示出了单个特征通道、少量 RoI 建议（仅三个）以及来自 RoI 池化层的相对较小的输出大小（2×2）

维度输入上操作，因此 RoI 池化层将这些可变大小的特征图（对应于不同的对象建议）转换为针对每一个建议的固定大小的输出特征图，例如，5×5 或 7×7 的图。固定大小的输出维度是在训练过程中固定的超参数。具体来说，通过将每个 RoI 划分为具有相同尺寸的一组单元来实现相同大小的输出。这些单元的数量与所需的输出尺寸相同。然后，计算每个单元中的最大值（最大池化），并将其分配给相应的输出特征图的位置。

通过使用单组输入特征图，为每个区域建议生成一个特征表示，RoI 池化层极大地提高了深度网络的效率。因此，CNN 仅需要单次扫描来计算对应于所有 RoI 的特征。它还使得以端到端的方式训练网络成为可能，并可以作为一个统一的系统。请注意，RoI 池化层通常插入到深度架构的后面部分，以节省大量计算，因为如果在网络的早期层执行基于区域的处理（由于建议数量很大），可能会导致大量的这类计算。7.2.1 节描述了 CNN 中 RoI 池化层的示例用例。

4.2.8　空间金字塔池化层

CNN 中的空间金字塔池化（SPP）层[He et al.，2015b]受到用于视觉词袋(BoW)样式特征编码方法的基于金字塔的方法的启发[Lazebnik et al.，2006]。SPP 层背后的灵感是令人关注的判别特征可以在各种尺度的卷积特征图中出现。因此，将此信息合并用于分类是有用的。

为了在单个描述符中有效地编码该信息，SPP 层将特征图划分为三个层次的空间块。在**全局层次**，将对应于所有空间位置的特征汇集在一起以获得单个向量(其尺寸等于前一层的通道数，例如 n)。在**中间层次**，将特征图划分为相等维度的四个(2×2)不相交的空间块，并且针对这四个块中的每个块，将块内的特征汇集在一起以获得单个特征向量。对于每个块，将该 n 维表示连接在一起，从而产生用于中间级的 $4n$ 维特征向量。然后，在**局部层次**，将特征图分为 16 个块(4×4)。将每个空间块内的特征汇集在一起以给出 n 维特征向量。将所有 16 个特征连接以形成单个 $16n$ 维特征表示。最后，将局部、中间和全局特征表示连接在一起以生成 $16n+4n+n$ 维特征表示，将其转发到分类器层(或全连接层)以进行分类(见图 4.13)。

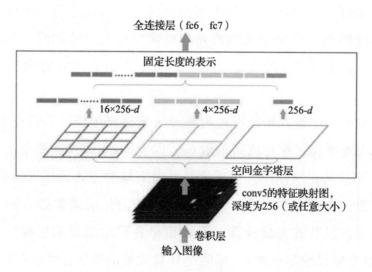

图 4.13　空间金字塔池化层[He et al.，2014]将判别信息纳入三个尺度，这对于准确分类非常有用(本图经许可使用)

因此，SPP 层利用局部池化和连接操作来生成高维特征向量并作为其输出。多八度信息的组合有助于实现针对目标姿势、比例和形状(变形)的变化的健壮性。由于 SPP 层输出不依赖于特征图的长度和宽度,因此它允许 CNN 处理任何大小的输入图像。此外,它可以对用于检测任务的各个对象区域执行类似的操作。与我们输入单个对象建议并获得每个对象建议的特征表示的情况相比,这样可以节省一定的时间。

4.2.9 局部特征聚合描述符层

正如我们在 SPP 层的情况下看到的那样,CNN 中的局部特征聚合描述符(VLAD)层[Arandjelovic et al.,2016]也从 BoW 样式模型中用于聚合局部特征的 VLAD 池化方法中获得灵感[Jégou et al.,2010]。VLAD 层背后的主要思想可以解释如下。给定一组局部描述符 $\{x_i \in \mathbb{R}^D\}_{i=1}^N$,我们的目标是根据一组视觉词语 $\{c_i \in \mathbb{R}^D\}_{i=1}^K$(也称为"关键点"或"聚类中心")来表示这些局部特征。这是通过查找每个局部描述符与所有聚类中心的关联来实现的。(软)关联被测量为每个描述符与所有 K 个聚类中心之间的加权差分。这导致由下式给出的 $K \times D$ 维特征矩阵 F:

$$F(j,k) = \sum_{i=1}^N a_k(x_i)(x_i(j) - c_k(j)) \tag{4.27}$$

这里,关联项 a_k 测量第 i 个局部特征(x_i)和第 k 个聚类中心(c_k)之间的连接,例如,如果 x_i 离 c_k 最远则为 0,如果 x_i 最接近 c_k 则为 1。关联项定义如下:

$$a_k(x_i) = \frac{\exp(w_k^T x_i + b_k)}{\sum_r \exp(w_r^T x_i + b_r)} \tag{4.28}$$

其中,w、b 是全连接层的权重和偏置。从实现的角度来看,关联项的计算可以理解为使描述符通过全连接的 CNN 层,然后执行一个 softmax 操作。参数 w、b 和 c 是在训练过程中学习的。请注意,由于所有操作都是可微分的,因此端到端训练是可行的。出于分类目的,首先使用每列的 ℓ_2 范数逐列对特征矩阵 F 进行归一化,然后转换为向量并再次进行 ℓ_2 归一化。图 4.14 总结了 VLAD 层的操作。

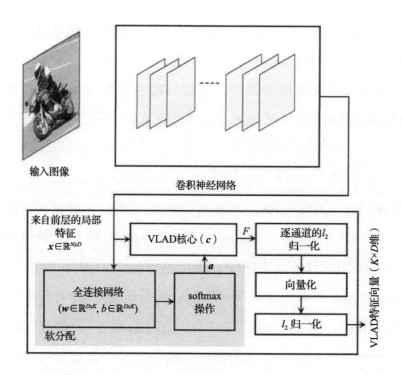

图 4.14 图中显示了 VLAD 层的工作[Arandjelovic et al.，2016]。它从 CNN 层
获取多个局部特征并聚合它们以生成高维输出特征表示

4.2.10 空间变换层

正如你在 VLAD 层所注意到的那样，引入的层不涉及单个操作。相反，它涉及一组互连的子模块，每个子模块都实现为单独的层。空间变换器层[Jaderberg et al.，2015]是另一个这样的示例，其包括三个主要模块，即定位网络、网格生成器和采样器。图 4.15 说明了这三个独立块及其功能。

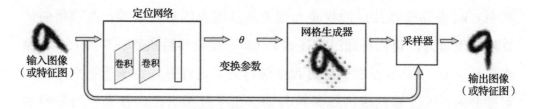

图 4.15 空间变换层及其三个模块。定位网络预测变换参数。网格生成器确定输入域
中的点，这些点由采样器使用采样核获得

简而言之，空间变换层学会聚焦于其输入的感兴趣部分。该层对这些部分应用几何变换，以聚焦并执行校正。它可以在输入层或任何较早的卷积层之后插入，这些卷积层生成相对大尺寸（高度×宽度）的输出特征图。

第一个模块称为**定位网络**，它采用输入特征图（或原始输入图像）并预测需要应用的变换参数。该网络可以实现为卷积层和全连接层的任何组合。但是，最后一层是回归层，它生成参数向量 $\boldsymbol{\theta}$。输出参数 $\boldsymbol{\theta}$ 的维度取决于变换的类型，例如，对于仿射变换，它具有如下定义的六个参数：

$$\boldsymbol{\theta} = \begin{bmatrix} \theta_1 & \theta_2 & \theta_3 \\ \theta_4 & \theta_5 & \theta_6 \end{bmatrix} \tag{4.29}$$

网格生成器在输入图像中生成与输出图像中的每个像素相对应的坐标网格。此映射对下一步非常有用，在下一步中采样函数用于转换输入图像。**采样器**使用网格生成器给出的网格生成输出图像。这是通过使用应用于输入图像的每个像素（或输入特征图中的每个值）的采样核来实现的。为了实现端到端训练，采样核应该相对于输入和网格坐标（x 和 y 坐标）是可微分的。核的示例包括从源（输入）到目标（输出）的最近邻复制和双线性采样核。

由于所有模块都是完全可微分的，因此可以使用标准反向传播算法对端到端的空间变换进行学习。这提供了很大的优势，因为它允许网络自动地将焦点移向输入图像或特征图中更有辨别力的部分。

4.3　CNN 损失函数

在研究了各种简单且相对更复杂的 CNN 层之后，我们讨论 CNN 中的最后一层，该层仅在训练过程中使用。该层使用"损失函数"（也称为"目标函数"）以估计网络对训练数据做出的预测质量，其中真实标签是已知的。这些损失函数在 CNN 的学习过程中进行了优化，其细节将在第 5 章中介绍。

损失函数定量地区分模型的估计输出（预测）与正确输出（真实标注）

之间的差异。CNN 模型中使用的损失函数类型取决于我们的最终问题。一般来说，使用神经网络的通用集合问题（以及相关的损失函数）可以分为以下类别。

1）二元分类（SVM 铰链损失函数、平方铰链损失函数）。

2）身份验证（对比损失函数）。

3）多类分类（柔性最大传递损失函数（softmax loss）、期望损失函数）。

4）回归分析（SSIM（structural similarity index，结构相似性）、ℓ^1 范数误差函数、欧几里得损失函数）。

注意，适用于多类分类任务的损失函数也适用于二元分类任务。然而，反向情况通常不正确，除非将多类问题分成多个一对余的分类问题，其中使用二元分类损失函数对每个案例训练单独的分类器。下面，我们将更详细地讨论上述损失函数。

4.3.1 交叉熵损失函数

交叉熵损失（也称为"对数损失"和"柔性最大传递损失"）定义如下：

$$L(\boldsymbol{p},\boldsymbol{y}) = -\sum_n y_n \log(p_n), \qquad n \in [1,N] \tag{4.30}$$

其中 $\boldsymbol{y}$ 表示所需的输出，$\boldsymbol{p}$ 是每个输出类别的概率。输出层中总共有 N 个神经元，因此，$\boldsymbol{p},\boldsymbol{y} \in \mathbb{R}^N$。可以使用柔性最大传递损失函数（softmax 函数）计算每个类的概率：$p_n = \dfrac{\exp(\hat{p}_n)}{\sum_k \exp(\hat{p}_k)}$，其中 $\hat{p}_n$ 是网络中前一层的非归一化输出分数。由于损失的归一化函数的形式，交叉熵损失也称为柔性最大传递损失。

值得注意的是，使用交叉熵损失来优化网络参数等同于最小化预测输出（生成分布 $\boldsymbol{p}$）和期望输出（真实分布 $\boldsymbol{y}$）之间的 KL-散度。$\boldsymbol{p}$ 和 $\boldsymbol{y}$ 之间的 KL-散度可以表示为交叉熵（用 $L(\cdot)$ 表示）和熵（用 $H(\cdot)$ 表示）之间的差异，如下：

$$\mathrm{KL}(\boldsymbol{p} \parallel \boldsymbol{y}) = L(\boldsymbol{p},\boldsymbol{y}) - H(\boldsymbol{p}) \tag{4.31}$$

由于熵只是一个常数值，因此最小化交叉熵等同于最小化两个分布之间的 KL-散度。

4.3.2　SVM 铰链损失函数

SVM 铰链损失函数受误差函数启发，误差函数通常在 SVM 分类器的训练期间使用。铰链损失使真实样本和负类样本之间的边际最大化。该损失定义如下：

$$L(\boldsymbol{p}, \boldsymbol{y}) = \sum_n \max(0, m - (2y_n - 1)p_n) \tag{4.32}$$

其中 m 是边距，通常设置为等于常量 1。$\boldsymbol{p}$ 和 $\boldsymbol{y}$ 分别表示预测和期望的输出。铰链损失的另一种表述是 Crammer 和 Singer 的损失函数[Crammer and Singer，2001]，如下表示：

$$L(\boldsymbol{p}, \boldsymbol{y}) = \max(0, m + \max_{i \neq c} p_i - p_c), \quad c = \operatorname*{argmax}_j y_j \tag{4.33}$$

其中，p_c 表示正确的类索引 c 的预测。Weston 和 Watkins 提出了另一种类似的铰链损失公式[Weston et al.，1999]：

$$L(\boldsymbol{p}, \boldsymbol{y}) = \sum_{i \neq c} \max(0, m + p_i - p_c), \quad c = \operatorname*{argmax}_j y_j \tag{4.34}$$

4.3.3　平方铰链损失函数

在某些应用中[Tang，2013]，平方铰链损失函数的性能略好于普通铰链损失函数。该损失函数仅包括式(4.32)～式(4.34)中最大函数的平方。与普通铰链损失相比，平方铰链损失对边缘侵蚀更敏感。

4.3.4　欧几里得损失函数

欧几里得损失(也称为二次损失、均方误差或 ℓ^2 误差)是根据预测($\boldsymbol{p} \in \mathbb{R}^N$)和真实标签($\boldsymbol{y} \in \mathbb{R}^N$)之间的平方误差来定义的：

$$L(\boldsymbol{p}, \boldsymbol{y}) = \frac{1}{2N} \sum_n (p_n - y_n)^2, \quad n \in [1, N] \tag{4.35}$$

4.3.5　ℓ^1 误差

ℓ^1 损失可以用于回归问题，并且已经证明在某些情况下表现优于欧几里得损失函数[Zhao et al., 2015]。它的定义如下：

$$L(\boldsymbol{p},\boldsymbol{y}) = \frac{1}{N}\sum_n |p_n - y_n|, \qquad n \in [1,N] \tag{4.36}$$

4.3.6　对比损失函数

对比损失用于将类似输入映射到特征/输出空间中的附近点，并将不同输入映射到远处点。该损失函数对相似或不相似的输入对起作用（例如，在孪生网络中[Chopra et al., 2005]）。它可以表示如下：

$$L(\boldsymbol{p},\boldsymbol{y}) = \frac{1}{2N}\sum_n yd^2 + (1-y)\max(0,m-d)^2, \quad n \in [1,N] \tag{4.37}$$

其中 m 是边距，并且 $y \in [0,1]$，y 指示输入对是不相似还是相似的。这里，d 可以是任何有效的距离测量，例如欧几里得距离：

$$d = \|f_a - f_b\|_2 \tag{4.38}$$

其中 f_a 和 f_b 是特征空间中两个输入的学习表示，$\|\cdot\|_2$ 表示 ℓ^2（或欧几里得）范数。

验证损失的其他变体可扩展到三元组（例如，三元组损失函数 [Schroff et al., 2015]可以用于三元组网络而不是孪生网络）。

4.3.7　期望损失函数

期望损失定义如下：

$$L(\boldsymbol{p},\boldsymbol{y}) = \sum_n \left| y_n - \frac{\exp(p_n)}{\sum_k \exp(p_k)} \right|, \qquad n \in [1,N] \tag{4.39}$$

它最小化了预期的错误分类概率，这就是它被称为期望损失的原因。注意，交叉熵损失也使用类似于期望损失的 softmax 函数。然而，它直接最大化了完全正确预测的概率[Janocha and Czarnecki, 2017]。

期望损失为异常值提供了更强的健壮性，因为目标最大化了对真实预测的期望。然而，这种损失函数很少用于深度神经网络，因为它不是相对于前一层的权重的凸函数或凹函数。这导致学习过程中的优化问题

（例如不稳定性和缓慢收敛）。

4.3.8　结构相似性度量

对于图像处理问题，感知接地损失函数（perceptually grounded loss function）已与 CNN 结合使用[Zhao et al.，2015]。这种损失的一个例子是结构相似性（SSIM）测量。它的定义如下：

$$L(\boldsymbol{p}, \boldsymbol{y}) = 1 - \mathrm{SSIM}(n) \tag{4.40}$$

其中 n 是图像的中心像素，$\boldsymbol{p}$、$\boldsymbol{y}$ 分别表示预测输出和期望输出，并且该像素的结构相似性由下式给出：

$$\mathrm{SSIM}(n) = \frac{2\mu_{p_n}\mu_{y_n} + C_1}{\mu_{p_n}^2 + \mu_{y_n}^2 + C_1} \cdot \frac{2\sigma_{p_n y_n} + C_2}{\sigma_{p_n}^2 + \sigma_{y_n}^2 + C_2} \tag{4.41}$$

这里，平均值、标准差和协方差分别由 μ、σ 和 $\sigma_{p_n y_n}$ 表示。在每个像素位置 n 处，使用以像素为中心的标准差为 σ_G 的高斯滤波器计算其平均值和标准差。C_1、C_2 表示图像相关常数，其提供针对小分母的稳定性。注意，在一个像素处的 SSIM 的计算需要相邻像素值以支持高斯滤波器。另请注意，我们不计算每个像素的 SSIM 度量，因为无法直接计算接近图像边界的像素。在下一章中，我们将介绍用于深度网络的权重初始化和基于梯度的参数学习算法的不同技术。

CNN 学习

在第 4 章中，我们讨论了 CNN 的不同架构模块及其操作细节。针对给定计算机视觉任务（例如，图像分类和目标检测），这些 CNN 层大多数涉及一些需要适当调整的参数。在本章中，我们将讨论用于在深度神经网络中设置权重的各种机制和技术。首先，5.1 节和 5.2 节将分别介绍权重初始化和网络正则化等概念，这有助于成功优化 CNN。之后，5.3 节介绍基于梯度的 CNN 参数学习，这与第 3 章讨论的 MLP 参数学习过程非常相似。神经网络优化算法（也称为"求解器"）的细节将在 5.4 节中介绍。最后，5.5 节将解释在误差反向传播过程中用于计算梯度的各种类型的方法。

5.1　权重初始化

正确的权重初始化是稳定训练非常深的网络的关键。不合适的初始化可能导致误差反向传播期间梯度消失或爆炸的问题。在本节中，我们将介绍几种执行权重初始化的方法，并提供它们之间的比较，以说明它们的优点和问题。注意，下面的讨论涉及网络内神经元权重的初始化，并且在网络训练开始时偏置通常设置为零。如果在训练开始时所有权重也设置为零，则（由于对称输出）权重更新将是相同的，并且网络将不会学习到任何有用的东西。为了打破神经元之间的这种对称性，在训练开始时随机初始化权重。在下文中，我们描述了几种流行的网络初始化方法。

5.1.1　高斯随机初始化

CNN 中权重初始化的常用方法是高斯随机初始化技术。该方法使用随机矩阵初始化卷积层和全连接层，随机矩阵的元素从具有零均值和小标准差(例如，0.1 和 0.01)的高斯分布中采样。

5.1.2　均匀随机初始化

均匀随机初始化方法使用随机矩阵初始化卷积和全连接层，随机矩阵的元素从均匀分布(而不是如前述情况中的正态分布)中采样，具有零均值和小标准差(例如，0.1 和 0.01)。均匀和正常的随机初始化通常执行相同的操作。然而，从均匀或正态分布随机初始化权重使得训练非常深的网络成为问题[Simonyan and Zisserman，2014b]。原因是当网络非常深时，向前和向后传播的激活可能会减弱或爆炸(见3.2.2 节)。

5.1.3　正交随机初始化

正交随机初始化也被证明在深度神经网络中表现良好[Saxe et al.，2013]。注意，高斯随机初始化仅近似正交。对于正交随机初始化，通过应用诸如 SVD 来分解随机权重矩阵。然后将正交矩阵(*U*)用于 CNN 层的权重初始化。

5.1.4　无监督的预训练

避免梯度消失或爆炸问题的一种方法是以无监督的方式使用逐层预训练。然而，这种类型的预训练已经在深度生成网络的训练中取得了更大的成功，例如深度置信网络[Hinton et al.，2006]和自动编码器[Bengio et al.，2007]。无监督的预训练之后可以是受监督的微调阶段，以利用任何可用的标注。然而，由于有了新的超参数，这种方法需要大量工作，而且有更好的初始化技术可用，因此现在很少使用逐层预训练来实现基于 CNN 的非常深的网络训练。接下来将描述一些更成功的初始化深度 CNN 的方法。

5.1.5 泽维尔(Xavier)初始化

神经元的随机初始化使其输出的方差与其输入连接的数量成正比(神经元的传入度量)。为了缓解这个问题,Glorot 和 Bengio[2010]提出用方差度量来随机初始化权重,该方差度量取决于来自神经元的传入和传出连接(分别为 n_{f-in} 和 n_{f-out})的数量,

$$\mathrm{Var}(w) = \frac{2}{n_{f-in} + n_{f-out}} \tag{5.1}$$

其中 w 是网络权重。请注意,传出度量用于上面的方差,以平衡反向传播的信号。Xavier 初始化在实践中运行良好,并且获得了更好的收敛速度。但是在上述初始化中涉及许多简单的假设,其中最突出的是假设神经元的输入和输出之间的线性关系。实际上,所有神经元都包含一个非线性项,这使得 Xavier 初始化在统计上不太准确。

5.1.6 ReLU 敏感的缩放初始化

He 等人[2015a]提出了缩放(或 Xavier)初始化的改进版本,注意到具有 ReLU 非线性激活函数的神经元不遵循对 Xavier 初始化所做的假设。确切地说,由于 ReLU 激活将近一半的输入减少到零,因此随机采样初始权重的分布方差应该是:

$$\mathrm{Var}(w) = \frac{2}{n_{f-in}} \tag{5.2}$$

与基于 ReLU 非线性激活函数的最新架构的 Xavier 初始化相比,ReLU 敏感的缩放初始化可以更好地工作。

5.1.7 层序单位方差

层序单位方差(LSUV)初始化是深度网络层[Mishkin and Matas, 2015]中正交权重初始化的简单扩展。它结合了批量归一化和正交权重初

始化的优点，以实现对非常深的网络的有效训练。它分两步进行，如下所述。

- **正交初始化**——在第一步中，所有权重层(卷积和全连接)用正交矩阵初始化。
- **方差归一化**——在第二步中，该方法以顺序方式从初始层开始到最终层，并且每层输出的方差归一化为 1(单位方差)。这类似于批量归一化层。批量归一化层按每个批次将其输出激活标准化为以 0 为中心且方差为 1。然而，与在网络训练期间应用的批量归一化不同，在初始化网络时应用 LSUV，因此在训练迭代期间节省了每个批次的归一化的开销。

5.1.8 有监督的预训练

在实际情况下，期望训练非常深的网络，但我们没有大量可用的适用于这些具体问题的标注数据。在这种情况下非常成功的做法是首先在相关但不同的问题上训练神经网络，其中已经有大量的训练数据可用。之后，通过使用在较大数据集上预训练的权重进行初始化，可以使学习模型"适应"新任务。此过程称为"微调"，是将学习从一个任务迁移到另一个任务的简单而有效的方式(有时可互换地称为域迁移或域适应)。例如，为了在相对较小的数据集 MIT-67 上执行场景分类，可以在诸如 ImageNet[Khan et al.，2016b]等更大的数据集上利用为对象分类而学习的权重来初始化网络。

迁移学习是一种方法，用于将另一个相关任务上获得的知识调整和应用到手头的任务。根据我们的 CNN 架构，这种方法可以采用两种形式。

- **使用预先训练的模型**：如果想要为给定任务使用现成的 CNN 架构(例如，AlexNet、GoogleNet、ResNet、DenseNet)，理想的选择是采用在大型数据集(如 ImageNet)上学习的可用的预训练

模型，例如，具有 120 万张图像的 ImageNet⊖和具有 250 万张图像的 Places205。⊜

预训练模型可以针对给定任务进行裁剪，例如，通过改变输出神经元的维度（以满足不同数量的类），修改损失函数并从头开始学习最后几层（对于大多数情况，通常学习最后 2～3 层就足够了）。如果可用于最终任务的数据集足够大，则还可以在新数据集上对完整模型进行微调。为此目的，初始预训练的 CNN 层可以使用小的学习速率，使得先前在大规模数据集（例如，ImageNet）上获得的学习不会完全丢失。这一点至关重要，因为已经证实，在大规模数据集上学到的特征本质上是通用的，可以用于计算机视觉中的新任务 [Azizpour et al. , 2016, Sharif Razavian et al. , 2014]。

- **使用自定义架构**：如果选择了定制的 CNN 架构，即使目标数据集在大小和多样性方面受到限制，迁移学习仍然会有所帮助。为此，可以首先在大规模标注数据集上训练自定义架构，然后以相同方式使用生成的结果模型，就像上面描述的那样。

除了简单的微调方法之外，在最近的文献中也提出了更多与迁移学习相关的方法，例如 Anderson 等人 [2016] 学习了预训练模型参数在新数据集上的移动方式。然后将学习的变换应用于网络参数，并且在最终模型中使用除预训练（不可调）网络激活之外的结果激活。

5.2 CNN 的正则化

由于深度神经网络具有大量参数，因此它们在学习过程中往往容易过拟合训练数据。所谓过拟合，我们的意思是该模型在训练数据上表现

⊖ 流行的深度学习库托管各种预先训练的 CNN 模型，例如：
TensorFlow (https://github.com/tensorflow/models)
Torch (https://github.com/torch/torch7/wiki/ModelZoo)
Keras (https://github.com/albertomontesg/keras-model-zoo)
Caffe (https://github.com/BVLC/caffe/wiki/Model-Zoo)
MatConvNet (http://www.vlfeat.org/matconvnet/pretrained/)

⊜ http://places.csail.mit.edu/downloadCNN.html

得非常好，但它无法很好地泛化未知的数据。因此，它导致新数据（通常是测试集）的性能较差。正则化方法旨在避免这个问题，通过使用我们接下来讨论的几个直观的想法。我们可以根据它们的中心思想将常见的正则化方法分为如下几类：

- 使用数据级技术（例如，数据增强）使网络正则化的方法。
- 在神经激活中引入随机行为的方法（例如，随机失活和丢弃连接）。
- 在特征激活中归一化批量统计量的方法（例如，批量归一化）。
- 使用决策级融合来避免过拟合的方法（例如，集成模型平均）。
- 引入对网络权重的约束的方法（例如，ℓ^1 范数、ℓ^2 范数、最大范数约束和弹性网约束）。
- 使用来自验证集的指导以停止学习过程（例如，早停）的方法。

接下来，我们将详细讨论上述方法。

5.2.1 数据增强

数据增强是最简单的，并且通常是增强 CNN 模型的泛化能力的非常有效的方式。特别是当训练样本数量相对较少时，数据增强可以扩大数据集（扩大 16 倍、32 倍、64 倍甚至更多倍），以允许对大规模模型进行更强大的训练。

通过使用直截了当的操作（例如旋转、裁剪、翻转、缩放、平移和剪切）从单个图像制作出多个副本来执行数据增强（见图 5.1）。这些操作可以单独执行，也可以组合在一起形成副本，这些副本都可以翻转和裁剪。

色彩抖动是执行数据增强的另一种常见方式。该操作的简单形式是在图像中执行随机对比度抖动。还可以在 R、G 和 B 通道中找到主要颜色方向（使用 PCA），然后沿这些方向应用随机偏移以改变整个图像的颜色值，从而有效地在学习模型中引入了颜色和光照不变性[Krizhevsky et al.，2012]。

另一种数据增强方法是利用合成数据，与实际数据一起，提高网络的泛化能力[Rahmani and Mian，2016；Rahmani et al.，2017；Shrivastava et al.，2016]。由于合成数据通常可以从渲染引擎中大量获得，因此它有效地扩展了训练数据，这有助于避免过拟合。

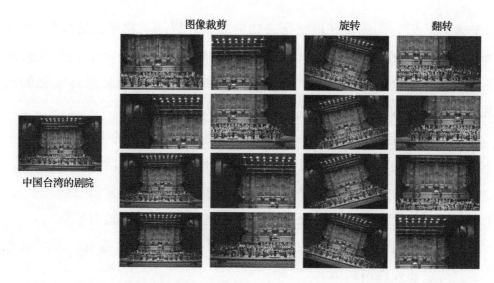

图 5.1　该图显示了使用剪裁(第 1 列和第 2 列)、旋转(第 3 列)和翻转(第 4 列)的数
据增强示例。由于输入图像非常复杂(具有多个对象),因此数据增强允许网
络找出同一图像的一些可能的变化,这仍然表示相同的场景类别,即剧院

5.2.2　随机失活

　　神经网络正则化最常用的方法之一是随机失活(dropout)技术[Srivas-
tava et al.,2014]。在网络训练期间,每个神经元以固定概率(通常为
0.5 或使用验证集设置)激活。基于全尺度网络的子网络的随机采样在测
试阶段引入了集成效应,该阶段使用全网络执行预测。激活随机失活对
于正则化目的非常有效,并且在测试阶段对未见数据的性能有显著提升。

　　让我们考虑一个由 L 个权重层组成的 CNN,每层的索引为 $l \in \{1 \cdots L\}$。
由于在文献中主要将随机失活应用于全连接(FC)层,因此我们在此考虑
更简单的 FC 层情况。给定来自前一层的输出激活 a_{l-1},FC 层执行仿射
变换,然后逐元素执行非线性变换,如下所述:

$$a_l = f(W * a_{l-1} + b_l) \tag{5.3}$$

其中,$a_{l-1} \in \mathbb{R}^n$ 和 $b \in \mathbb{R}^m$,a 和 b 分别表示激活和偏置值。FC 层的输入
和输出维度分别用 n 和 m 表示。$W \in \mathbb{R}^{m \times n}$ 是权重矩阵,$f(\cdot)$ 是 ReLU
激活函数。

　　随机失活层生成一个掩码 $m \in \mathbb{B}^m$,其中每个元素 m_i 独立地从伯努利

分布中采样，"开启"的概率为 p，即神经元激发的概率。

$$m_i \sim \text{Bernoulli}(p), \qquad m_i \in \boldsymbol{m} \tag{5.4}$$

此掩码用于修改输出激活 $\boldsymbol{a}_l$：

$$\boldsymbol{a}_l = \boldsymbol{m} \circ f(\boldsymbol{W} * \boldsymbol{a}_{l-1} + \boldsymbol{b}_l) \tag{5.5}$$

其中，"∘"表示阿达玛积。阿达玛积表示掩码和 CNN 激活之间的简单的逐元素（相乘）的矩阵乘法。

5.2.3   随机失连

另一种与随机失活类似的方法是随机失连（drop-connect）［Wan et al.，2013］，它随机停用网络权重（或神经元之间的连接），而不是随机将神经元激活减少到零。

与随机失活类似，随机失连对权重矩阵执行屏蔽其输出的操作，而不是针对激活输出数据：

$$\boldsymbol{a}_l = f((\boldsymbol{M} \circ \boldsymbol{W}) * \boldsymbol{a}_{l-1} + \boldsymbol{b}_l) \tag{5.6}$$

$$M_{i,j} \sim \text{Bernoulli}(p), \qquad M_{i,j} \in \boldsymbol{M} \tag{5.7}$$

其中，"∘"表示存在随机失活情况下的阿达玛积。

5.2.4   批量归一化

批量归一化［Ioffe and Szegedy，2015］将来自 CNN 层的输出激活的均值和方差归一化为遵循标准高斯分布。事实证明，它对于深度网络的有效训练非常有用，因为它减少了层激活的"内部协方差偏移"。内部协方差偏移是指在训练期间更新参数时每层激活分布的变化。如果 CNN 的隐藏层试图建模的分布不断变化（即内部协方差偏移很高），则训练过程将减慢并且网络将花费很长时间来收敛（仅仅因为相对于达到不断变化的目标而言，它更难达到静态目标）。这种分布的归一化使我们在训练过程中产生一致的激活分布，这增强了收敛并避免了网络不稳定性问题，例如梯度消失/爆炸和激活饱和。

根据我们在第 4 章中已经研究过的内容，这个归一化步骤类似于白化变换(用作输入预处理步骤),该步骤强制输入遵循具有零均值和单位方差的标准高斯分布。然而,与白化变换不同,批量归一化应用于中间 CNN 激活,并且由于其可微分计算,可以集成在端到端网络中。

批量归一化操作可以实现为 CNN 中的一层。给定一组来自 CNN 层的激活 $\{x^i : i \in [1, m]\}$,其中 $x^i = \{x_j^i : j \in [1, n]\}$ 有 n 维,对应于具有 m 个图像的具体输入批次,我们可以为每个激活维度计算该批次的一阶和二阶统计量(分别为均值和方差),如下所示:

$$\mu_{x_j} = \frac{1}{m} \sum_{i=1}^{m} x_j^i \tag{5.8}$$

$$\sigma_{x_j}^2 = \frac{1}{m} \sum_{i=1}^{m} (x_j^i - \mu_{x_j})^2 \tag{5.9}$$

其中 μ_{x_j} 和 $\sigma_{x_j}^2$ 分别代表在该批次上计算的第 j 个激活维度的均值和方差。标准化的激活操作表示为:

$$\hat{x}_j^i = \frac{x_j^i - \mu_{x_j}}{\sqrt{\sigma_{x_j}^2 + \epsilon}} \tag{5.10}$$

仅有激活的归一化是不够的,因为它可以改变激活并破坏网络学习的有用模式。因此,标准化的激活被重新缩放和平移以允许它们学习有用的判别表示:

$$y_j^i = \gamma_j \hat{x}_j^i + \beta_j \tag{5.11}$$

其中 γ_j 和 β_j 是在误差反向传播期间可调整可学习的参数。

请注意,通常在应用非线性激活函数之前,在 CNN 权重层之后,应用批量归一化。批量归一化是在现有 CNN 架构中使用的重要工具(第 6 章中的示例)。我们简要总结一下使用批量归一化的好处:

- 实际上,当使用批量归一化时,网络训练对超参数选择(例如学习率)的敏感性降低[Ioffe and Szegedy,2015]。
- 它稳定了非常深的网络的训练,并提供了对抗不良权重初始化的健壮性。它还避免了梯度消失问题和激活函数(例如,tanh 和 sigmoid)的饱和问题。
- 批量归一化大大提高了网络的收敛速度。这非常重要,因为非常深

的网络架构可能需要几天(即使使用合理的硬件资源)来训练大规模
数据集。

- 它通过允许误差反向传播通过归一化层，在网络中集成归一化，因
  此允许深度网络的端到端训练。
- 它使模型减少了对随机失活等正则化技术的依赖。因此，当批量归
  一化被广泛用作正则化机制时，最近的架构并不使用随机失活技
  术[He et al.，2016a]。

5.2.5　集成模型平均

集成平均方法是另一种简单但有效的技术，其中学习了许多模型而
不是单个模型。由于不同的随机初始化、不同的超参数选择(例如，架
构、学习速率)和不同的训练输入集，每个模型具有不同的参数。然后组
合多个模型的输出以生成最终预测分数。预测组合方法可以是简单的输出
平均、多数表决方案或所有预测的加权组合。与集合中的每个单独模型
相比，最终预测更准确并且更不易于过拟合。"专家委员会"(即集成方
法)作为一种有效的正规化机制，增强了整个系统的泛化能力。

5.2.6　ℓ^2 正则化

ℓ^2正则化在网络训练期间惩罚参数 w 的大值。这是通过添加一个由
超参数 λ 加权的参数的 ℓ^2范数的项来实现的，该参数值决定了惩罚的强
度(实际上，将平方数的 $\frac{\lambda}{2}$ 倍加到误差函数中以确保更简单的导数项)。
实际上，这种正则化助长了小且分散的权重分布(对于仅在少数神经元上有
较大值的情况)。考虑一个简单的网络，输出层有 N 个神经元，只有一个
带有参数 w 和输出 p_n 的隐藏层，$n \in [1，N]$。如果所需的输出用 y_n 表示，
我们可以使用具有正则化 ℓ^2的欧几里得目标函数来更新参数，如下所示：

$$w^* = \underset{w}{\mathrm{argmin}} \sum_{m=1}^{M} \sum_{n=1}^{N} (p_n - y_n)^2 + \lambda \| w \|_2 \qquad (5.12)$$

其中 M 表示训练样例的数量。注意，正如我们稍后将讨论的，ℓ^2正则化

执行与权重衰减技术相同的操作。这种方法称为"权重衰减",因为应用 ℓ^2 正则化意味着权重线性更新(因为对于每个神经元,其正则化项的导数是 λw)。

5.2.7　ℓ^1 正则化

ℓ^1 正则化技术与 ℓ^2 正则化非常相似,唯一的区别在于正则化项使用权重的 ℓ^1 范数而不是 ℓ^2 范数。超参数 λ 用于定义正则化的强度。对于具有参数 w 的单层网络,我们可以使用 ℓ^1 范数表示如下的参数优化过程:

$$w^* = \underset{w}{\text{argmin}} \sum_{m=1}^{M} \sum_{n=1}^{N} (p_n - y_n)^2 + \lambda \| w \|_1 \qquad (5.13)$$

其中 N 和 M 分别表示输出神经元的数量和训练样本的数量。对于每个神经元而言,如果它们的大多数传入连接具有非常小的权重,这将有效地形成稀疏权重向量。

5.2.8　弹性网正则化

弹性网正则化通过为每个权重值添加项 $\lambda_1|w|+\lambda_2 w^2$ 来线性地组合 ℓ^1 和 ℓ^2 正则化技术。这导致稀疏权重并且通常比单独的 ℓ^1 和 ℓ^2 正则化表现更好,每项是弹性网正则化的特殊情况。对于具有参数 w 的单层网络,我们可将参数优化过程表示为:

$$w^* = \underset{w}{\text{argmin}} \sum_{m=1}^{M} \sum_{n=1}^{N} (p_n - y_n)^2 + \lambda_1 \| w \|_1 + \lambda_2 \| w \|_2 \qquad (5.14)$$

其中 N 和 M 分别表示输出神经元的数量和训练样本的数量。

5.2.9　最大范数约束

最大范数约束是一种正则化形式,它将神经网络层中每个神经元的输入权重的范数置于上限。因此,权重向量 w 必须遵循约束 $\| w \|_2 < h$,其中 h 是超参数,其值通常基于验证集上的网络性能来设置。使用这种正则化的好处是即使在网络训练期间使用高学习速率值时,网络参数也

保证保持在合理的数值范围内。在实践中，这导致更好的稳定性和性能
[Srivastava et al.，2014]。

5.2.10　早停

　　当模型在训练集上表现很好但在未知数据上表现不佳时，会出现过
拟合问题。应用早停以避免基于梯度的算法在迭代中过拟合。这是通过在
训练过程的不同迭代中，评估留存验证集的性能来实现的。训练算法可
以继续改进训练集，直到验证集上的性能也得到改善。一旦学习模型的泛
化能力下降，学习过程就可以停止或减慢（见图 5.2）。

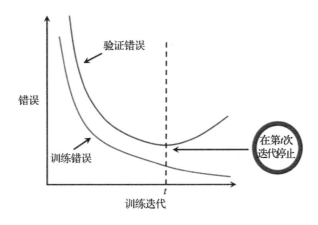

图 5.2　网络训练期间早停方法的说明

　　在讨论了能够成功训练深度神经网络的概念（例如，正确的权重初始
化和正则化技术）之后，我们将深入研究网络学习过程的细节。基于梯度
的算法是最重要的工具，从而在大规模数据集上优化训练此类网络。在
下文中，我们将讨论 CNN 优化器的不同变体。

5.3　基于梯度的 CNN 学习

　　CNN 学习过程调整网络的参数，使得输入空间被正确地映射到输出
空间。如前所述，在每个训练步骤中，输出变量的当前估计与期望输出
（通常称为"真实标注"或"标签空间"）匹配。该匹配函数在 CNN 训练期间

用作目标函数，并且通常称为丢失函数或误差函数。换句话说，我们可以说 CNN 训练过程处理其参数的优化，使得它的**损失函数**最小化。CNN 参数是其每个层中的自由/可调权重（例如，滤波器权重和卷积层的偏置）（见第 4 章）。

解决该优化问题的直观但简单的方法是通过重复更新参数使得损失函数**逐渐**减小到最小值。重要的是要注意，非线性模型（例如 CNN）的优化是一项艰巨的任务，而且这些模型主要由大量可调参数组成的这一事实加剧任务的难度。因此，我们不是求解全局最优解，而是在每一步中，迭代地搜索局部最优解。在这里，基于梯度的方法是一种自然的选择，因为我们需要在最陡下降的**方向**上更新参数。参数更新量或更新步骤的大小称为"**学习速率**"。使用完整训练集更新参数的每次迭代称为"**训练周期**"。在时刻 t，我们可以写出每个训练迭代的参数更新方程：

$$\theta_t = \theta_{t-1} - \eta \delta_t \tag{5.15}$$
$$满足 \quad \delta_t = \nabla_\theta \mathcal{F}(\theta_t) \tag{5.16}$$

其中，$\mathcal{F}(\cdot)$ 表示由具有参数 θ 的神经网络表示的函数，∇ 表示梯度，η 表示学习速率。

5.3.1 批量梯度下降

正如我们在上一节中讨论的那样，梯度下降算法通过计算目标函数相对于神经网络参数的梯度，然后在最快下降方向上进行参数更新来工作。梯度下降的基本版本称为"批量梯度下降"，在整个训练集上计算此梯度。对于凸问题，可以保证收敛到全局最小值。对于非凸问题，它仍然可以达到局部最小值。然而，在计算机视觉问题中，训练集可能非常大，因此通过批量梯度下降的学习可能非常慢，因为对于每个参数更新，它需要计算完整训练集上的梯度。这导致我们使用随机梯度下降，它有效地避免了这个问题。

5.3.2 随机梯度下降

随机梯度卜降（SGD）对训练集中的每组输入和输出执行参数更新。

因此，与批量梯度下降相比，它收敛得更快。此外，它能够以"在线方式"学习，可以在存在新的训练示例的情况下调整参数。唯一的问题是它的收敛行为通常是不稳定的，特别是对于相对较大的学习率以及训练数据集包含多样化的例子时。当适当地设置学习速率时，对于凸问题和非凸问题，与批量梯度下降相比，SGD 通常实现类似的收敛行为。

5.3.3   小批量梯度下降

最后，小批量梯度下降法是随机梯度下降法的一种改进形式，它通过将训练集分成若干个小批次，每个小批次由相对较少的训练样例组成，在收敛效率和收敛稳定性之间提供了一个很好的平衡。然后在计算每个小批次的梯度之后执行参数更新。注意，训练样本通常是随机组合的，以提高训练集的同质性。与随机梯度下降相比，这确保了更好的收敛速率；与批量梯度下降相比，这确保了更好的稳定性［Ruder，2016］。

5.4   神经网络优化器

在 5.3 节中对梯度下降算法进行概述后，我们能明白在网络学习过程中必须避免的一些注意事项。例如，在许多实际问题中设定学习速率可能是一项棘手的工作。训练过程通常受参数初始化的高度影响。此外，特别是对于深度网络的情况，可能出现梯度消失和爆炸的问题。训练过程也容易陷入局部最小值、鞍点或高误差停滞期（梯度在每个方向上几乎为零［Pascanu et al.，2014］）。请注意，鞍点（也称为最小-最大点）是函数表面上的那些驻点，其中相对于其维度的偏导数变为零（见图 5.3）。在下面的讨论中，我们概述了解决梯度下降算法的这些局限性的不同方法。由于我们的目标是优化高维参数空间，我们将讨论限制在更可行的一阶方法，而不会处理不适合大型数据集的高阶方法（牛顿方法）。

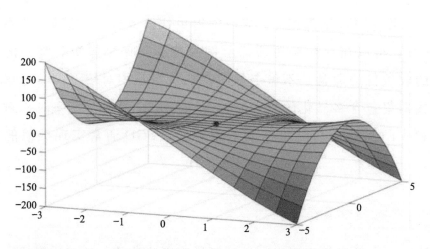

图 5.3　鞍点在 3D 表面上显示为红点。注意，梯度实际上为零，但它既不对应于函数的"最小值"也不对应于"最大值"

5.4.1　动量

基于动量的优化方法提供了具有更好收敛特性的 SGD 的改进版本（见图 5.4）。例如，SGD 可能在接近局部最小值处振荡，导致不必要的延缓收敛。参数 γ 加权前一时间步骤（a_{t-1}）计算的梯度，并与动量相加到权重更新等式中，如下所示：

$$\theta_t = \theta_{t-1} - a_t \tag{5.17}$$

$$a_t = \eta \nabla_\theta \mathcal{F}(\theta_t) + \gamma a_{t-1} \tag{5.18}$$

其中，$\mathcal{F}(\cdot)$ 表示由具有参数 θ 的神经网络表示的函数，∇ 表示梯度，η 表示学习速率。

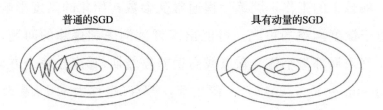

图 5.4　具有动量的随机梯度下降方法（SGD）（右）和无动量的随机梯度下降方法（SGD）（左）的收敛行为的比较

动量项具有物理意义。梯度指向相同方向的维度被快速放大，而那些梯度持续变化方向的维度被抑制。基本上，收敛速度增加，因为避免了不必要的振荡。这可以理解为给球添加更多动量，使其沿最大斜率的方向移动。通常，在基于 SGD 的学习期间，动量设置为 0.9。

5.4.2　涅斯捷罗夫动量

上一节中介绍的动量项将使球超越最低点。理想情况下，当球到达最小点并且坡度开始上升时，我们希望球减速。这是通过涅斯捷罗夫动量(Nesterov momentum)[Nesterov，1983]实现的，它在参数更新过程中计算下一个近似点的梯度，而不是当前点。这使得算法能够在每次迭代中"前瞻"并计划跳跃，使得学习过程避免了上坡步骤。更新过程可以表示为：

$$\theta_t = \theta_{t-1} - a_t \tag{5.19}$$

$$a_t = \eta \nabla_\theta \mathcal{F}(\theta_t - \gamma a_{t-1}) + \gamma a_{t-1} \tag{5.20}$$

其中，$\mathcal{F}(\cdot)$ 表示由具有参数 θ 的神经网络表示的函数，∇ 表示梯度，η 表示学习速率，γ 表示动量(见图 5.5)。

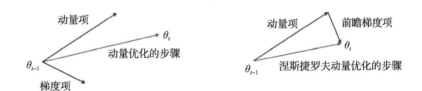

图 5.5　具有动量的 SGD(左)和涅斯捷罗夫动量更新(右)的收敛行为的比较。虽然动量更新可以使求解器快速朝向局部最优点，但它可能会超调并错过最佳点。涅斯捷罗夫动量更新的求解器通过向前看并校正下一个梯度值来纠正其更新

5.4.3　自适应梯度

SGD 中的动量沿着误差函数的斜率细化更新方向。但是，所有参数都以相同的速率更新。在某些情况下，以不同方式更新每个参数更有用，具体取决于其在训练集的频率或其对我们最终问题的重要性。

自适应梯度(AdaGrad)算法[Duchi et al.，2011]通过对每个单独的参数 i 使用自适应学习速率来提供该问题的解决方案。这在每个时间步 t

执行，通过将每个参数 θ_i 的学习速率除以每个参数的所有历史梯度的平方累计和来实现。这可以显示如下：

$$\theta_t^i = \theta_{t-1}^i - \frac{\eta}{\sqrt{\sum_{\tau=1}^{t} \delta_\tau^{i\,2} + \epsilon}} \delta_t^i \tag{5.21}$$

其中 δ_t^i 是时间步 t 处相对于参数 θ_i 的梯度，ϵ 是分母中的非常小的项，以避免被零除。对每个参数的学习速率的调整消除了手动设置学习速率的值的需要。通常，在训练阶段保持 η 固定为单个值（例如，10^{-2} 或 10^{-3}）。请注意，AdaGrad 非常适用于稀疏梯度，通过累积所有先前的时间步长可以获得对过去梯度的可靠估计。

5.4.4 自适应增量

虽然自适应梯度消除了在不同的时期手动设置学习速率值的必要性，但它会受到学习速率消失问题的困扰。具体来说，随着迭代次数的增加（t 很大），平方梯度的总和变大，使得有效学习速率非常小。结果，参数在随后的训练迭代中不会改变。最后，它还需要在训练阶段设置初始学习速率。

自适应增量（AdaDelta）算法［Zeiler，2012］通过仅累积式（5.21）的分母项中的最后 k 个梯度来解决这些问题。因此，新的更新步骤可以表示如下：

$$\theta_t^i = \theta_{t-1}^i - \frac{\eta}{\sqrt{\sum_{\tau=t-k+1}^{t} \delta_\tau^{i\,2} + \epsilon}} \delta_t^i \tag{5.22}$$

这需要在每次迭代时存储最后的 k 个梯度。在实践中，使用移动平均值 $E[\delta^2]_t$ 更容易，其定义为：

$$E[\delta^2]_t = \gamma E[\delta^2]_{t-1} + (1-\gamma)\delta_t^2 \tag{5.23}$$

这里，γ 具有与动量参数类似的功能。注意，上述函数实现了每个参数的平方梯度的指数衰减平均值。新的更新步骤是：

$$\theta_t^i = \theta_{t-1}^i - \frac{\eta}{\sqrt{E[\delta^2]_t + \epsilon}}\delta_t^i \tag{5.24}$$

$$\Delta\theta = -\frac{\eta}{\sqrt{E[\delta^2]_t + \epsilon}}\delta_t^i \tag{5.25}$$

请注意，我们仍然没有摆脱初始学习率 η。Zeiler[2012]指出，通过在更新规则中引入 Hessian 近似，使更新步骤的单位保持一致，可以避免这种情况。这归结为以下内容：

$$\theta_t^i = \theta_{t-1}^i - \frac{\sqrt{E[(\Delta\theta)^2]_{t-1} + \epsilon}}{\sqrt{E[\delta^2]_t + \epsilon}}\delta_t^i \tag{5.26}$$

注意，我们在此考虑函数 $\mathcal{F}$ 的局部曲率近似平坦并用 $E[(\Delta\theta)^2]_{t-1}$（已知）代替 $E[(\Delta\theta)^2]_t$（未知）。

5.4.5　RMSprop

RMSprop[Tieleman and Hinton，2012]与 AdaDelta 方法密切相关，旨在解决 AdaGrad 方法中学习速率消失问题。与 AdaDelta 类似，它也如下计算移动平均值：

$$E[\delta^2]_t = \gamma E[\delta^2]_{t-1} + (1-\gamma)\delta_t^2 \tag{5.27}$$

这里，γ 的典型值是 0.9。可调参数的更新规则采用以下形式：

$$\theta_t^i = \theta_{t-1}^i - \frac{\eta}{\sqrt{E[\delta^2]_t + \epsilon}}\delta_t^i \tag{5.28}$$

5.4.6　自适应矩估计

我们说过，AdaGrad 求解器也遭受学习速率消失问题，但 AdaGrad 对于稀疏梯度的情况非常有用。另一方面，RMSprop 在较高时间步长时不会将学习速率降低到非常小的值。然而，从负面意义上看，它不能为稀疏梯度的情况提供最佳解决方案。自适应矩估计（Adam）[Kingma and Ba，2014]方法估计每个参数的单独学习速率，并结合 AdaGrad 和

RMSprop的积极因素。Adam 与其两个前辈(RMSprop 和 AdaDelta)之间的主要区别在于，通过使用梯度的一阶矩和二阶矩来估计更新(如式(5.26)和式(5.28))。因此，梯度的移动平均值(均值)以及平方梯度的移动平均值(方差)维护公式如下所示：

$$E[\delta]_t = \gamma_1 E[\delta]_{t-1} + (1 - \gamma_1)\delta_t \tag{5.29}$$

$$E[\delta^2]_t = \gamma_2 E[\delta^2]_{t-1} + (1 - \gamma_2)\delta_t^2 \tag{5.30}$$

其中 γ_1 和 γ_2 分别是均值和方差的移动平均值的参数。由于初始时刻估计值设置为零，即使经过多次迭代，它们仍然可以保持很小，特别是当 $\gamma_{1,2} \neq 1$ 时。为了克服这个问题，$E[\delta]_t$ 和 $E[\delta^2]_t$ 的初始化偏差校正估计按如下公式获得：

$$\hat{E}[\delta]_t = \frac{E[\delta]_t}{1 - (\gamma_1)^t} \tag{5.31}$$

$$\hat{E}[\delta^2]_t = \frac{E[\delta^2]_t}{1 - (\gamma_2)^t} \tag{5.32}$$

与 AdaGrad、AdaDelta 和 RMSprop 的研究非常相似，Adam 的更新规则由下式给出：

$$\theta_t^i = \theta_{t-1}^i - \frac{\eta}{\sqrt{\hat{E}[\delta^2]_t + \epsilon}} \hat{E}[\delta]_t \tag{5.33}$$

作者发现 $\gamma_1 = 0.9$，$\gamma_2 = 0.999$，$\eta = 0.001$ 是训练过程中衰变(γ)和学习速率(η)的较好默认值。

图 5.6[Kingma and Ba，2014]说明了用于手写数字分类的 MNIST 数据集上讨论求解器的收敛性能。请注意，带有涅斯捷罗夫动量的 SGD 显示出良好的收敛行为，但是它需要手动调整学习速率超参数。在具有自适应学习速率的求解器中，Adam 在此示例中表现最佳(也击败了手动调整的 SGD-Nesterov 求解器)。在实践中，Adam 通常很好地适应大规模问题，并表现出良好的收敛性。这就是 Adam 通常是许多基于深度学习的计算机视觉应用的默认选择的原因。

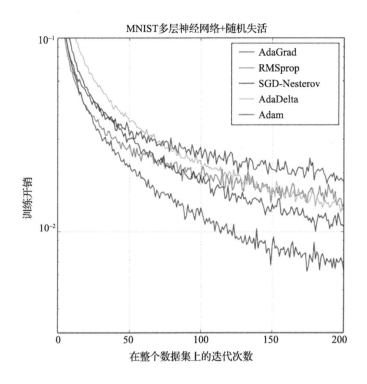

图 5.6　使用不同神经网络优化器的 MNIST 数据集的收敛性能［Kingma and Ba,
　　　　2014］(本图经许可使用)

5.5　CNN 中的梯度计算

我们已经讨论了 CNN 的许多层和架构。在 3.2.2 节中,我们还描述了用于训练 CNN 的反向传播算法。从本质上讲,反向传播是 CNN 训练的核心。只有当 CNN 层实现可微分操作时,才会发生误差反向传播。因此,研究如何计算不同 CNN 层的梯度是很有趣的。在本节中,我们将详细讨论用于计算流行 CNN 层的微分的不同方法。

在下面,我们描述了可用于计算梯度的四种不同方法。

5.5.1　分析微分法

它涉及手动推导由 CNN 层执行的函数的导数。然后在计算机程序中实现这些导数以计算梯度。接着,优化算法(例如,随机梯度下降)使用梯度公式学习最佳 CNN 权重。

> **例子**：假定一个简单的函数，$y = f(x) = x^2$，我们想分析计算导数。通过应用多项式函数的微分公式，我们可以找到如下的导数：
>
> $$\frac{\mathrm{d}y}{\mathrm{d}x} = 2x \tag{5.34}$$
>
> 这可以给我们任何点 x 的斜率。

分析推导复杂表达式的导数是耗时且费力的。此外，有必要将层操作建模为闭合形式的数学表达式。但是，它为每个点的导数提供了准确值。

5.5.2 数值微分法

数值微分技术使用函数的值来估计特定点处函数的导数数值。

> **例子**：对于一个给定的函数 $f(x)$，我们可以通过使用两个附近点的函数值来估计点 x 处的一阶数值导数，即 $f(x)$ 和 $f(x+h)$，其中 h 是 x 的一个小变化：
>
> $$\frac{f(x+h) - f(x)}{h} \tag{5.35}$$
>
> 上述等式将一阶导数估计为连接两个点 $f(x)$ 和 $f(x+h)$ 的直线的斜率。上面的表达式称为"牛顿差分公式"。

在我们对隐含的实函数知之甚少或实际函数过于复杂的情况下，数值微分很有用。此外，在一些情况下，我们只能访问离散的采样数据（例如，在不同的时间点），并且自然的选择是估计导数而不必对函数建模并计算其精确的导数。与其他方法相比，数值微分相当容易实现。然而，数值微分仅提供了导数的估计并且效果很差，特别是对于高阶导数的计算。

5.5.3 符号微分法

符号微分使用标准微分计算公式，使用计算机算法来操纵数学表达式。执行符号微分的流行软件包括 Mathematica、Maple 和 MATLAB。

例子：给定一个函数 $f(x)=\exp(\sin(x))$，我们需要计算它相对于 x 的 10 阶导数。用分析微分法会很麻烦，而用数值微分法将不太准确。在这种情况下，我们可以有效地使用符号微分法来获得可靠的答案。MATLAB 中的以下代码(使用符号数学工具箱)给出了所需的结果。

```
>> syms x
>> f(x)= exp(sin(x))
>> diff(f, x, 10)
256*exp(sin(x))*cos(x)²-exp(sin(x))*sin(x) -
5440*exp(sin(x))*cos(x)⁴+2352*exp(sin(x))*cos(x)⁶ - ...
```

从某种意义上说，符号微分法与分析微分法类似，但利用计算机的算力来执行费力的推导。这种方法减少了手动导出微分的需要，并避免了数值方法的不准确性。然而，符号微分法通常会导致复杂且较长的表达式，从而导致软件程序变慢。而且，由于所需计算的高度复杂性，它不能很好地扩展到高阶导数(类似于数值微分)。此外，在神经网络优化中，我们需要针对各层的大量输入计算偏导数。在这种情况下，符号微分是低效的，并且不能很好地扩展到大规模网络。

5.5.4　自动微分法

自动微分是一种强大的技术，它使用数字和符号技术来估计软件域中的微分计算，即，给定实现一个函数的编码计算机程序，自动微分可以用来设计另一个程序，该程序实现那个函数的导数。我们举例说明自动微分及其与图 5.7 中数值和符号微分的关系。

每个计算机程序使用编程语言实现，该编程语言仅支持一组基本功能(例如，加法、乘法、取幂、对数和三角函数)。自动微分使用计算机程序的这种模块化特性将它们分解为更简单的基本函数。这些简单函数的导数通过符号方式计算，然后重复应用链式规则以计算复杂程序的任意阶导数。

自动微分为复杂表达式的微分提供了准确有效的解决方案。准确地

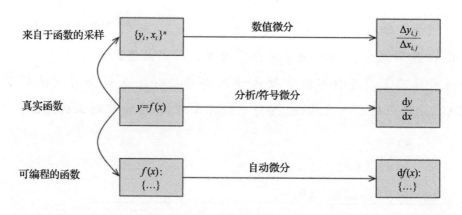

图 5.7　不同微分方法之间的关系

说，自动微分可以提供精确到机器精度的结果。计算一个函数的导数的计算复杂度几乎与评估原始函数本身相同。与符号微分不同，它既不需要函数的闭合形式表达，也不会遭受表达式膨胀，这些因素会使得符号微分效率低下且难以编码。目前最先进的 CNN 库（如 Theano 和 TensorFlow）使用自动微分来计算导数（见第 8 章）。

自动微分与我们之前在 3.2.2 节中研究的反向传播算法密切相关。它以两种模式运行，即前向模式和反向模式。给定一个复杂的函数，我们首先将它分解为一个由简单的基本函数组成的计算图，这些函数相互连接以计算复杂的函数。在**前向**模式中，给定输入 x，可以如算法 5.1 所示顺序地评估具有 n 个中间状态（对应于 $\{f^e\}^n$ 个基本函数）的计算图 $\mathcal{C}$。

算法 5.1　自动微分的前向模式

输入：x, $\mathcal{C}$

输出：y_n

　1：$y_0 \leftarrow x$　％ 初始化

　2：**for all** $i \in [1, n]$ **do**

　3：　$y_i \leftarrow f_i^e(y_{\mathrm{Pa}(f_i^e)})$　％ 每个函数依据图中的父类输出进行操作

　4：**end for**

在算法 5.1 中所示的前向计算之后，**反向**模式从末端开始计算导数并连续应用链式规则来计算关于每个中间输出变量 y_i 的微分，如算法 5.2 所示。

算法 5.2　自动微分的反向模式

输入：$x, \mathcal{C}$

输出：$\dfrac{\mathrm{d}y_n}{\mathrm{d}x}$

1：执行前向模式传播

2：**for all** $i \in [n-1, 0]$ **do**

3：　% 依据链式规则使用图中的子节点计算（父节点的）导数

4：　$\dfrac{\mathrm{d}y_n}{\mathrm{d}y_i} \leftarrow \sum\limits_{j \in \mathrm{Ch}(f_i^e)} \dfrac{\mathrm{d}y_n}{\mathrm{d}y_j} \dfrac{\mathrm{d}f_j^e}{\mathrm{d}y_i}$

5：**end for**

6：$\dfrac{\mathrm{d}y_n}{\mathrm{d}x} \leftarrow \dfrac{\mathrm{d}y_n}{\mathrm{d}y_0}$

自动微分方法的基本假设是表达式是可微分的。如果不是这种情况，自动微分将失败。我们在下面提供了一个简单的自动微分前向和反向模式的例子，并向读者介绍 Baydin 等人[2015]关于机器/深度学习技术中该主题的详细处理。

例子：考虑比前一个用于符号微分的例子稍微复杂的函数，

$$y = f(x) = \exp(\sin(x) + \sin(x)^2) + \sin(\exp(x) + \exp(x)^2) \tag{5.36}$$

我们可以如下表示其分析或符号计算的微分：

$$\frac{\mathrm{d}f}{\mathrm{d}x} = \cos(\exp(2x) + \exp(x))(2\exp(2x) + \exp(x))$$

$$+ \exp(\sin(x)^2 + \sin(x))(\cos(x) + 2\cos(x)\sin(x)) \tag{5.37}$$

但是，如果我们有兴趣使用自动微分来计算其导数，那么第一步就是将完整函数用基本操作来表示（加法、指数和正弦函数）：

$$
\begin{aligned}
a &= \sin(x) & b &= a^2 & c &= a + b \\
d &= \exp(c) & e &= \exp(x) & f &= e^2 \\
g &= e + f & h &= \sin(g) & y &= d + h
\end{aligned} \tag{5.38}
$$

根据这些基本操作的计算流程如图 5.8 所示。给定这个计算图，我们可以很容易地计算输出相对于图中每个变量的微分，如下所示：

$$\frac{\mathrm{d}y}{\mathrm{d}d} = 1 \qquad \frac{\mathrm{d}y}{\mathrm{d}h} = 1 \qquad \frac{\mathrm{d}y}{\mathrm{d}c} = \frac{\mathrm{d}y}{\mathrm{d}d}\frac{\mathrm{d}d}{\mathrm{d}c} \qquad \frac{\mathrm{d}y}{\mathrm{d}g} = \frac{\mathrm{d}y}{\mathrm{d}h}\frac{\mathrm{d}h}{\mathrm{d}g}$$

$$\frac{\mathrm{d}y}{\mathrm{d}b}=\frac{\mathrm{d}y}{\mathrm{d}c}\frac{\mathrm{d}c}{\mathrm{d}b} \qquad \frac{\mathrm{d}y}{\mathrm{d}a}=\frac{\mathrm{d}y}{\mathrm{d}c}\frac{\mathrm{d}c}{\mathrm{d}a}+\frac{\mathrm{d}y}{\mathrm{d}b}\frac{\mathrm{d}b}{\mathrm{d}a} \qquad \frac{\mathrm{d}y}{\mathrm{d}f}=\frac{\mathrm{d}y}{\mathrm{d}g}\frac{\mathrm{d}g}{\mathrm{d}f}$$

$$\frac{\mathrm{d}y}{\mathrm{d}e}=\frac{\mathrm{d}y}{\mathrm{d}g}\frac{\mathrm{d}g}{\mathrm{d}e}+\frac{\mathrm{d}y}{\mathrm{d}f}\frac{\mathrm{d}f}{\mathrm{d}e} \qquad \frac{\mathrm{d}y}{\mathrm{d}x}=\frac{\mathrm{d}y}{\mathrm{d}a}\frac{\mathrm{d}a}{\mathrm{d}x}+\frac{\mathrm{d}y}{\mathrm{d}e}\frac{\mathrm{d}e}{\mathrm{d}x} \qquad (5.39)$$

所有上述微分都可以很容易地计算出来，因为计算每个基本函数的导数很简单，例如，

$$\frac{\mathrm{d}d}{\mathrm{d}c}=\exp(c) \qquad \frac{\mathrm{d}h}{\mathrm{d}g}=\cos(g) \qquad \frac{\mathrm{d}c}{\mathrm{d}b}=\frac{\mathrm{d}c}{\mathrm{d}a}=1 \qquad \frac{\mathrm{d}f}{\mathrm{d}e}=2e \qquad (5.40)$$

请注意，我们从计算图的末端开始，并反向移动计算所有的中间微分，直到我们得到相对于输入的微分。计算式(5.37)中的原始微分表达式是非常复杂的。但是，一旦将原始表达式分解为式(5.38)中的更简单函数，我们注意到，计算导数(反向传递)所需操作的复杂性几乎与根据计算图的原始表达式(前向传递)的计算相同。自动微分使用前向和反向操作模式来有效且精确地计算复杂函数的微分。如上所述，以这种方式计算微分的操作与反向传播算法非常相似。

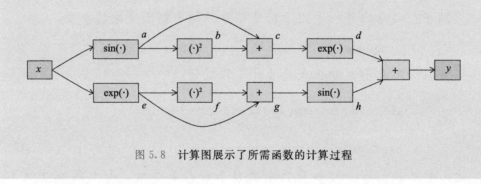

图 5.8　计算图展示了所需函数的计算过程

5.6　通过可视化理解 CNN

卷积网络是具有大量参数的大规模模型，这些参数以数据驱动的方式学习。根据在训练集和验证集上的训练迭代，绘制误差曲线和目标函数是跟踪整体训练进度的一种方法。但是，这种方法无法深入了解 CNN 层的实际参数和激活情况。对 CNN 在训练过程期间或完成之后学到的内容进行可视化通常很有用。我们概述了可视化 CNN 特征和激活

的一些基本方法。依据实现可视化的网络信号，这些方法可以分为三种
类型，即权重、激活和梯度。下面我们总结了一些属于这三类可视化方
法的例子。

5.6.1　可视化学习的权重

可视化 CNN 学习内容的最简单方法之一是查看卷积滤波器。例如，
在标记的阴影数据集上学习的 9×9 和 5×5 大小的卷积核如图 5.9 所示。
这些滤波器对应于 LeNet 风格的 CNN 中的第一个和第二个卷积层（有关
CNN 架构的详细信息，请参阅第 6 章）。

图 5.9　阴影检测任务中，学习 9×9（左）和 5×5（右）大小的卷积内核的示例。滤波器
　　　　说明了特定 CNN 层在输入数据中寻找的模式类型（本图改编自［Khan et al.，
　　　　2014］）

5.6.2　可视化激活

来自中间 CNN 层的特征激活还可以提供关于学习表示的质量的有用
线索。

将学到的特征进行可视化的一种简单方法是绘制对应于输入图像的
输出特征激活。举个例子，我们展示了对应于图 5.10 中的 MNIST 数据
集的样本数字 2、5 和 0 的输出卷积激活（或特征）。具体来说，这些特征
是 LeNet 架构中第一个卷积层的输出（有关此架构类型的详细信息，请参
阅第 6 章）。

另一种方法是从训练的 CNN 的倒数第二层获得特征表示，并将数据
集中的所有训练图像可视化为二维图（例如，使用 tSNE 低维嵌入）。
tSNE 嵌入近似保留了特征之间高维空间中的原始距离。这种可视化的一
个例子如图 5.11 所示。这种可视化可以提供整体视图，并为不同的类别

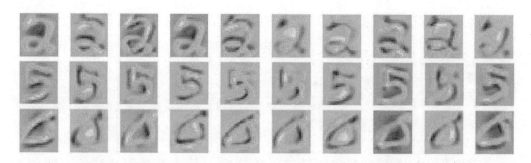

图 5.10 来自 CNN 的中间特征表示,对应于 MNIST 数据集的手写数字的示例输入
图像。输出激活的这种可视化可以提供关于输入图像的模式的洞察,这些模
式被提取出来作为分类的有用特征

建议所需的学到的特征表示质量。例如,有一些类别存在与其他类别广泛
重叠的情况,与这种类别相比,在特征空间中紧密聚集的类别将被更精
确地分类,这些情况使得难以准确地对分类边界建模。除了可视化高维
特征向量的二维嵌入外,我们还可以显示与每个特征向量关联的输入图
像(见图 5.12)。通过这种方式,我们可以观察到在高维特征的 tSNE 嵌
入中视觉上相似的图像如何聚集在一起。例如,在图 5.12 的图示中,地
窖图像聚集在一起。

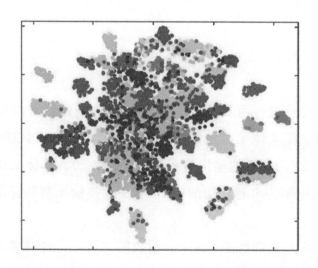

图 5.11 最终的全连接层的特征的 tSNE 可视化,对应于来自 MIT-67 室内场景数据
集的图像。每种颜色代表数据集中的不同类。请注意,属于同一类的特征会
聚集在一起(本图改编自[Khan et al., 2017b])

图 5.12　基于来自深度网络的卷积特征的 tSNE 嵌入的图像的可视化。图像属于
　　　　　MIT-67 数据集。注意，属于同一类的图像聚集在一起，例如，可以在左上
　　　　　角找到所有的地窖图像。（本图改编自［Hayat et al.，2016］）

　　注意力地图还可以对一些区域提供更好的洞察，这类区域在做分类
决策时更受重视。换句话说，我们可以将图像中的区域可视化，展示出
哪些区域对类别的正确预测贡献大。实现此目的的一种方式是获得图像
中的各个重叠分片的预测分数，并绘制正确类别的最终预测分数。这种
可视化的例子如图 5.13 所示。我们能注意到，场景的独特部分在正确预
测每个图像的类别中起到了至关重要的作用，例如，礼堂中的屏幕、火
车站中的火车和卧室中的床。

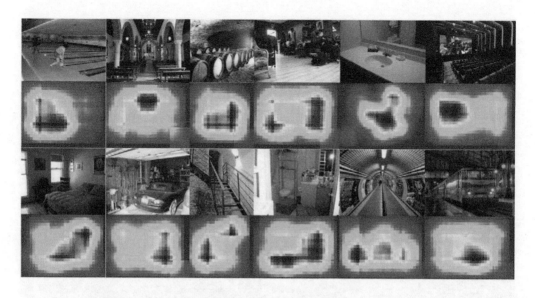

图 5.13　图像中的特殊斑块对预测正确场景类别的贡献以热图的形式显示，"红色"表示更高的贡献（本图改编自[Khan et al.，2016b]）

在文献中还使用了其他有趣的方法来可视化对正确预测贡献最大的图像部分。[Zeiler and Fergus，2014]系统地用一个方形斑块遮挡输入图像，并绘制热图，指示正确类别的预测概率的变化。得到的热图表明输入图像中哪些区域对于来自网络的正确输出响应最重要（例如，见图 5.14a）。[Bolei et al.，2015]首先将输入图像分割成区域，然后迭代地丢弃这些片段，使得正确的类别预测受影响最小。此过程继续，直到剩下具有最小场景细节的图像。这些细节足以正确分类输入图像（例如，见图 5.14b）。

5.6.3　基于梯度的可视化

[Balduzzi et al.，2017]提出了这样一种观点，即可视化梯度分布可以为深度神经网络的收敛行为提供有用的见解。其分析表明，直接增加神经网络的深度会导致梯度打散问题（即梯度显示出与白噪声类似的分布）。他们证明了当在非常深的网络中使用批量归一化和跳跃式连接时，梯度分布类似于布朗噪声（见图 5.15）。

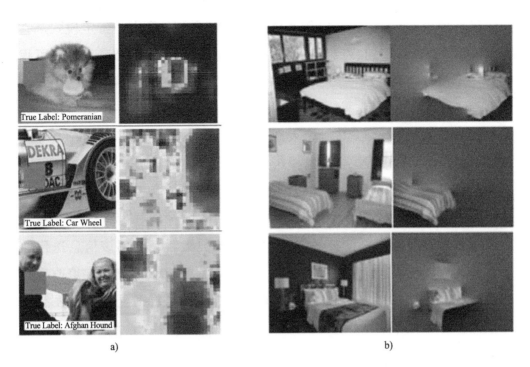

图 5.14　对深度网络进行正确预测非常重要的区域的可视化。a)将输入图像中的灰色区域顺序遮挡，将正确类别的输出概率绘制为热图(蓝色区域指示对正确分类有更高重要性)。b)将图像中的分割区域遮挡，直到留下可正确预测场景类别所需的最小图像细节。正如我们所料，床是卧室场景中最重要的一个方面(本图改编自[Bolei et al.，2015；Zeiler and Fergus，2014]，经许可使用)

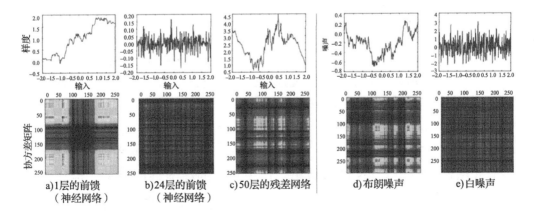

图 5.15　顶行显示一系列均匀采样输入的梯度分布。底行显示协方差矩阵。24 层网络的梯度类似于白噪声，而高性能 ResNet 的梯度类似于布朗噪声。请注意，ResNet 使用跳跃式连接和批量归一化，即使使用更深的网络架构，也可以获得更好的收敛。ResNet 架构将在第 6 章中详细讨论(本图来自[Balduzzi et al.，2017]，经许可使用)

已经使用 CNN 内的反向传播梯度来识别输入图像中的特定模式,它最大激活 CNN 层中的特定神经元。换句话说,可以调整梯度以生成可视化,展示出神经元已经学习到的模式(通过在输入数据中寻找)。[Zeiler and Fergus, 2014]率先提出了这一想法,并引入了一种基于反卷积的方法来反转特征表示,以识别输入图像中的相关模式。[Yosinski et al., 2015]通过首先在 CNN 层中选择第 i 个神经元来生成合成图像。之后,具有随机颜色值的输入图像通过网络,并计算第 i 个神经元的相应激活值。通过误差反向传播计算该激活相对于输入图像的梯度。该梯度基本上表示如何改变像素以使神经元最大程度地被激活。使用该信息迭代地修改输入,以便我们获得导致神经元 i 高激活的图像。通常,在修改输入图像时施加"样式约束"是有用的,该输入图像充当正则化项并且强制输入图像保持与训练数据类似。由此获得的一些示例图像显示在图 5.16 中。

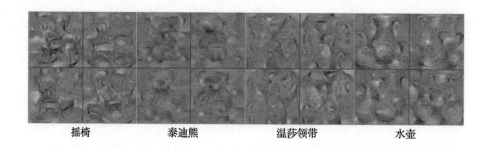

摇椅　　　　　　泰迪熊　　　　　　温莎领带　　　　　水壶

图 5.16　该图展示了最大化激活输出神经元时的合成输入图像(对应不同类别)。很明显,网络分别寻找具有类似低级和高级线索的对象,例如边缘信息和整体形状信息,以便最大程度地激活相关神经元。(本图来自[Yosinski et al., 2015],经许可使用)

[Mahendran and Vedaldi, 2015]提出了一种恢复输入图像的方法,该输入图像对应于 CNN 的倒数第二层中相同的高维特征表示。给定图像 x,学习的 CNN $\mathcal{F}$ 和高维表示 f,通过梯度下降优化来最小化如下损失,以在输入域中找到对应于相同特征表示 f 的图像:

$$x^* \leftarrow \underset{x}{\text{argmin}} \parallel \mathcal{F}(x) - f \parallel^2 + \mathcal{R}(x)$$

这里,$\mathcal{R}$ 表示一个正则化器,它使生成的图像看起来很自然,并避免那些对感知可视化没有帮助的嘈杂和尖锐的模式。图 5.17 展示了从网络的不同层处的 CNN 特征获得的重建图像的示例。值得注意的是，物体的位置、比例和变形都有所不同，但整体特征保持不变。这表示网络已经学习了输入图像数据中有意义的特征。

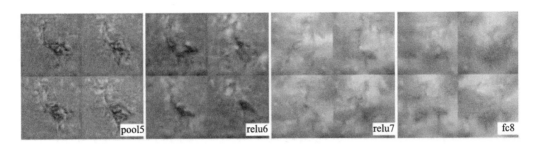

图 5.17   从 CNN 的高维特征表示获得的多个反转图像。请注意，较低层的特征比更高层的特征更好地保留局部信息。（本图来自 [Mahendran and Vedaldi, 2015]，经许可使用）

到目前为止，我们已经完成了关于 CNN 架构、其训练过程和可视化方法的讨论，以了解 CNN 的工作。接下来，我们将从文献中描述一些成功的 CNN 示例，这些示例将帮助我们深入了解最新的网络拓扑以及它们共同的优缺点。

CNN 架构的例子

我们在前几章中介绍了基本模块，这些模块可以结合起来开发基于 CNN 的深度学习模型。在这些模块中，我们介绍了卷积、子采样和其他几个形成大规模 CNN 架构的层。我们注意到在训练期间使用损失函数来测量模型的预测输出和期望输出之间的差异。我们讨论了用于正则化网络并优化其性能和收敛速度的模块。我们还介绍了几种基于梯度的学习算法，成功实现 CNN 训练，连同一些技巧（例如权重初始化策略）实现 CNN 稳定训练。在本章中，我们将介绍几个成功的 CNN 设计，这些设计是使用我们在前几章中研究的基本构建模块构建的。其中，我们展示早期架构（传统上在计算机视觉中很流行并且更容易理解）和最新的 CNN 模型（相对复杂并且建立在传统设计之上）。我们注意到，根据近几年这些架构的设计演变，它们存在一种自然顺序。因此，我们详细阐述这些设计，同时强调它们之间的联系以及设计发展的趋势。下面，我们从一个简单的 CNN 架构（称为 LeNet）开始。

6.1 LeNet

LeNet[LeCun et al.，1998]架构是 CNN 最早和最基本的形式之一，适用于手写数字识别。这种架构风格的成功变体称为 LeNet-5 模型，因为它总共包含 5 个权重层。具体来说，它由两个卷积层组成，每个卷积层后面跟着一个子采样（最大池化）层来提取特征。后接单个卷积层，接着是一组两个全连接层，朝向模型的末端，作为提取特征的分类器。注意，权重层之后的激活也使用双曲正切非线性函数。用于训练 MNIST 数字数据集的模型架构如图 6.1 所示。

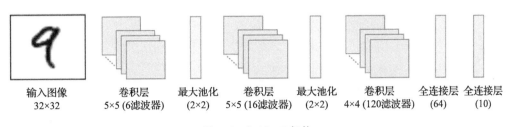

输入图像　　卷积层　　　最大池化　　卷积层　　　最大池化　　卷积层　　　全连接层　全连接层
32×32　　5×5 (6滤波器)　(2×2)　5×5 (16滤波器)　(2×2)　4×4 (120滤波器)　(64)　　(10)

图 6.1　LeNet-5 架构

6.2　AlexNet

AlexNet[Krizhevsky et al.，2012]是第一个导致计算机视觉深度神经网络复兴的大规模 CNN 模型（AlexNet 之前的其他 CNN 架构（例如，[Cirean et al.，2011；LeCun et al.，1998]）相对较小，未在大型数据集（如 ImageNet 数据集）上进行测试）。该架构在 2012 年以较大优势赢得了 ImageNet 大规模视觉识别挑战赛（ILSVRC）。

AlexNet 架构与其前身之间的主要区别在于网络深度的增加，这导致可调参数的数量显著增加，以及使用的正则化技巧（例如随机失活[Srivastava et al.，2014]和数据增强）。它总共由八个参数层组成，其中起初的五个层是卷积层，而后三个层是全连接层。最终全连接层（即输出层）将输入图像分类为 ImageNet 数据集的千种类别之一，因此包含 1000 个单元。滤波器尺寸和最大池化层的位置如图 6.2 所示。请注意，在 AlexNet 架构中的前两个全连接层之后应用了随机失活（dropout）技术，从而减少了过拟合并且更好地泛化未知示例。AlexNet 的另一个显著特点是在每个卷积和全连接层之后使用 ReLU 非线性激活，与传统使用的双曲正切函数相比，这大大提高了训练效率。

虽然与最近最新的 CNN 架构相比，AlexNet 相对小得多（就层数而言），但值得注意的是[Krizhevsky et al.，2012]在首次实施时需要在两个 GPU 之间拆分训练。这是必要的，因为单个 NVIDIA GTX 580（具有 3GB 内存）无法容纳包含大约 6200 万个参数的完整网络。在完整的 ImageNet 数据集上训练网络大约需要六天时间。请注意，ImageNet 训练集包含属于一千种不同对象类的 120 万个图像。

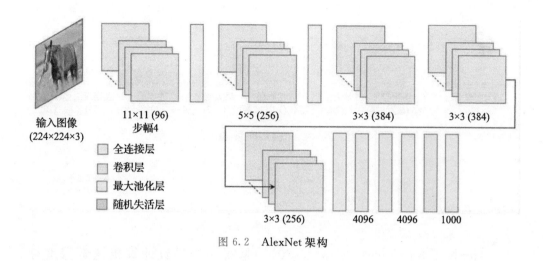

图 6.2 AlexNet 架构

6.3 NiN

Network in Network(NiN)架构[Lin et al.，2013]是一种简单且轻量级
的 CNN 模型(见图 6.3)，通常在小规模数据集上表现良好。它引入了 CNN
设计中的两个新想法。**首先**，它表明在卷积层结构之间加入全连接层有助
于网络训练。因此，示例架构由在第一、第四和第七位置(在权重层中)的
三个卷积层组成，其中滤波器分别具有 5×5、5×5 和 3×3 的尺寸。其中
的每个卷积层后接一对全连接层(或具有 1×1 滤波器尺寸的卷积层)和最大
池化层。**其次**，该架构利用模型末端的全局平均池化作为正则化器。该池
化方案仅组合每个特征图的所有激活(通过平均)，以获得转发到柔性最
大传递损失(softmax loss)层的单个分类分数。请注意，前两个最大池化
层之后的随机失活正则化块也有助于在给定数据集上实现较低的测试错误。

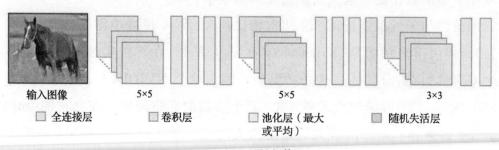

图 6.3 NiN 架构

6.4   VGGnet

VGGnet 架构[Simonyan and Zisserman，2014b]自 2014 年推出以来是最受欢迎的 CNN 模型之一，尽管它不是 ILSVRC 2014 的赢家。其受欢迎的原因在于其模型简单性和使用小型卷积内核，这导致了非常深的网络。作者介绍了一组网络配置，其中配置 D 和 E(文献中通常称为 VG-Gnet-16 和 VGGnet-19)是最成功的配置。

VGGnet 架构严格使用 3×3 卷积核(加上中间最大池化层)用于特征提取，位于网络末端的一组三个全连接层用于分类。每个卷积层后面跟着 VGGnet 架构中的 ReLU 层。使用较小卷积核的设计选择导致相对减少的参数数量，因此可以进行有效的训练和测试。此外，通过堆叠一系列 3×3 大小的内核，有效感受野可以增加到更大的值(例如，具有两层的 5×5，具有三层的 7×7，等等)。最重要的是，使用较小的滤波器，可以堆叠更多的层，从而形成更深的网络，从而在视觉任务上获得更好的性能。这基本上表达了这种架构的核心思想，它支持使用更深层的网络来改进特征学习。图 6.4 显示了性能最佳的 VGGnet-16 模型(配置 D)，它有 1.38 亿个参数。与 AlexNet 类似，它还在前两个全连接层中使用随机失活，以避免过拟合。

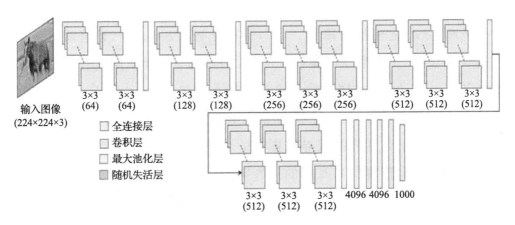

图 6.4   VGGnet-16 架构(配置-D)

6.5　GoogleNet

前面讨论的所有网络都包含仅有一条路径的顺序架构。沿着这条路径，不同类型的层（例如卷积层、池化层、ReLU 层、随机失活层和全连接层）堆叠在彼此的顶部，以创建所需深度的架构。GoogleNet 架构[Szegedy et al.，2015]是第一个使用更复杂架构和多个网络分支的流行模型。该模型在分类任务中赢得了 ILSVRC 2014 竞赛，最佳的前 5 个错误率为 6.7%。之后，还提出了几个经过改进和扩展的 GoogleNet 版本。但是，我们将讨论限制在 ILSVRC 2014 提交的 GoogleNet 版本。

GoogleNet 共包含 22 个权重层。网络的基本构建块是"Inception 模块"，因此该架构通常也称为"Inception 网络"。该模块的处理并行进行，这与先前讨论的架构的顺序处理形成对比。这个模块的简单（朴素）版本如图 6.5a 所示。这里的中心思想是将所有基本处理块（发生在常规顺序卷积网络中）并行放置并组合它们的输出特征表示。这种设计的好处是可以将多个 Inception 模块堆叠在一起以创建一个巨大的网络，而无需担心网络不同阶段的每个单独层的设计。但是，正如你可能已经注意到的那样，问题在于，如果我们沿深度维度连接每个单独块的所有单个特征表示，则会产生非常高维的特征输出。为了克服这个问题，完整的 Inception 模块在通过 3×3 和 5×5 卷积滤波器传递输入特征体（比如尺寸为 $h \times w \times d$）之前执行降维。通过使用全连接层来执行该降维，该全连接层相当于 1×1 维卷积操作。例如，如果 1×1 卷积层具有 d' 个滤波器，使得 $d' < d$，则该层的输出将具有较小的尺寸 $h \times w \times d'$。在 6.3 节讨论的 NiN 架构中，也有这样放置在卷积层之前的类似的全连接层。在这两种情况下，这样的层导致更好的性能。你可能想知道为什么在卷积层之前使用全连接层是有用的。答案是，虽然卷积滤波器在空间域中操作（即，沿着输入特征通道的高度和宽度），但是全连接层可以组合来自多个特征通道的信息（即，沿着深度维度）。这种灵活的信息组合不仅导致特征尺寸减小，而且导致 Inception 模块的增强性能。

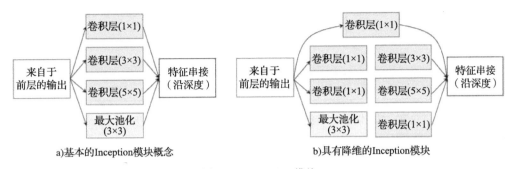

图 6.5 Inception 模块

如果仔细查看 Inception 模块（图 6.5），你可以理解将一组不同操作组合到一个块中背后的直觉思想。优点是使用一系列滤波器尺寸（例如，1×1、3×3、5×5）提取特征，其对应于不同的感受野和来自输入的多个级别的特征编码。类似地，存在最大池化层，其对输入进行下采样以获得特征表示。由于 GoogleNet 架构中的所有卷积层都遵循 ReLU 非线性，这进一步增强了网络建模非线性关系的能力。最后，将这些不同的互补特征组合在一起以获得更有用的特征表示。

在图 6.6 所示的 GoogleNet 架构中，9 个 Inception 模块堆叠在一起，形成 22 层深度网络（网络中的总层数＞100）。与 NiN 类似，GoogleNet 使用全局平均池化，然后在网络末端使用全连接层进行分类。全局平均池化层提供更快的计算，具有更好的分类准确性和更少的参数数量。GoogleNet 设计的另一个直观特征是中间层中的几个输出分支的可用性（例如，在 4a 和 4d 之后），其中分类器接受最终任务的训练。由于从初始层扩展的分类分支，该设计特征通过将强反馈信号传递到初始层来避免梯度消失的问题。GoogleNet 还会在全连接层之前，对每个输出分支使用随机失活进行正则化。

尽管 GoogleNet 架构看起来比其前身（例如 AlexNet 和 VGGnet）复杂得多，但它的参数数量显著减少（约 600 万，而 AlexNet 为 6200 万，VGGnet 为 1.38 亿个参数）。凭借更小的内存占用，更高的效率和更高的准确性，GoogleNet 是最直观的 CNN 架构之一，它清楚地表明了良好设计选择的重要性。

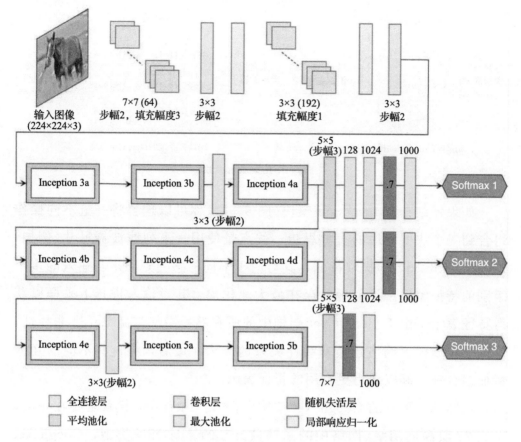

图 6.6　GoogleNet 架构。所有 Inception 模块都与图 6.5b 中描述的基本架构相同，但是，每个模块中每个层的滤波器数量是不同的。例如，Inception 3a 在最顶部的分支中有 64 个滤波器（见图 6.5b），在顶部的第二个分支中有 96 个和 128 个滤波器，在顶部的第三个分支中有 16 个和 32 个滤波器，在底部有 32 个滤波器。相比之下，Inception 4a 在最顶部分支中具有 192 个滤波器（在图 6.5b 中），在顶部的第二个分支中有 96 和 208 个滤波器，在顶部的第三个分支中有 16 和 48 个滤波器，在底部分支中有 64 个滤波器。有兴趣的读者可参考表 6.1 [Szegedy et al. 2015]，了解每个 Inception 块中所有层的确切尺寸

6.6　ResNet

来自微软的残差网络[He et al.，2016a]在性能方面取得了巨大的飞跃，赢得了 2015 年 ILSVRC 挑战赛，将前五的错误率从上一年的 GoogleNet[Szegedy et al.，2015]的 6.7% 降低到 3.6%。值得一提的是，

ILSVRC 2016 获奖者使用以前流行的模型(如 GoogleNet Inception 和残差网络)以及它们的变体(例如,广泛残差网络和 Inception-ResNet)的集成,获得了 3.0％的错误率[ILS]。

残差网络架构的显著特征是残差块中的恒等(identity)跳跃式连接,这使得我们可以轻松地训练非常深的 CNN 架构。要了解这些连接,请考虑图 6.7 中的残差块。给定输入 x,CNN 权重层在该输入上实现变换函数,由 $F(x)$ 描绘。在残差块中,使用来自输入的直接连接将原始输入添加到此变换,该输入绕过变换层。这种连接称为"跳跃式恒等连接"。这样,残差块中的变换函数分为一个恒等项(代表输入)和一个剩余项,这有助于聚焦于残差特征图的变换(见图 6.7)。在实践中,这种架构实现了对非常深的模型的稳定学习。原因在于残差特征映射通常比在传统架构中学习的无参考映射简单得多。

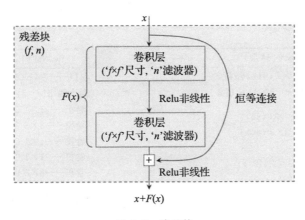

图 6.7　残差块

就像 GoogleNet 中的 Inception 模块一样,残差网络包含多个堆叠在彼此顶部的残差块。ILSVRC 的获胜模型由 152 个权重层组成(比 VGGnet-19 深约 8 倍),该模型与一个 34 层模型一起显示在表 6.1 中。图 6.8 显示了 34 层残差网络作为多个残差块的堆栈。请注意,与 ResNet 相比,没有任何残差连接的非常深的普通网络需要更多的训练且导致更高的测试错误率。这表明残差连接是这种深度网络获得更好分类精度的关键。

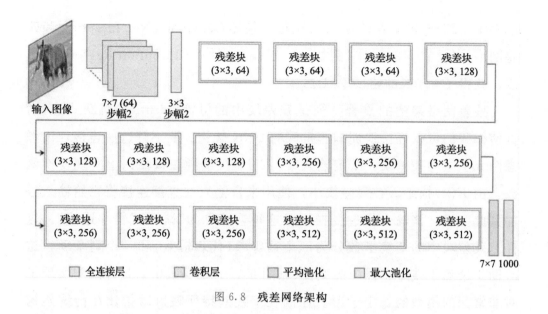

图 6.8 残差网络架构

表 6.1 34 层(左)和 152 层网络(右)的 ResNet 架构。使用右大括弧(})包围每个残差块,并且在每个大括弧旁边表示类似的残差块的数量(例如,×3 表示三个连续的残差块)

ResNet(34 层)	ResNet(152 层)
卷积——7×7(64),步幅 2	卷积——7×7(64),步幅 2
最大池化——3×3,步幅 2	最大池化——3×3,步幅 2
卷积——3×3(64) ⎫ 卷积——3×3(64) ⎭ ×3	卷积——1×1(64) ⎫ 卷积——3×3(64) ⎬ ×3 卷积——1×1(256) ⎭
卷积——3×3(128) ⎫ 卷积——3×3(128) ⎭ ×4	卷积——1×1(128) ⎫ 卷积——3×3(128) ⎬ ×8 卷积——1×1(512) ⎭
卷积——3×3(256) ⎫ 卷积——3×3(256) ⎭ ×6	卷积——1×1(256) ⎫ 卷积——3×3(256) ⎬ ×36 卷积——1×1(1024) ⎭
卷积——3×3(512) ⎫ 卷积——3×3(512) ⎭ ×3	卷积——1×1(512) ⎫ 卷积——3×3(512) ⎬ ×3 卷积——1×1(2048) ⎭
平均池化	平均池化
卷积——1×1(1000)	卷积——1×1(1000)
柔性最大传递损失	柔性最大传递损失

如表 6.1 所示,34 层网络中的残差块由两个卷积层组成,每个卷积层具有 3×3 滤波器尺寸。相反,152 层网络中的每个残差块由三个卷积层组成,分别具有 1×1、3×3 和 1×1 滤波器尺寸。残差块的这种设计称为"瓶颈架构",因为第一级卷积层用于减少来自前一层的特征通道的

数量(例如，152 层网络中的第二组残差块中的第一级卷积层，将特征通道的数量减少到 128)。注意，通过简单地复制包含恒等连接的基本残差块，可以增加架构的深度(见图 6.7)。为清楚起见，34 层网络架构也在图 6.8 中说明。

　　图 6.7 中残差块中的权重层之后是批量归一化和 ReLU 激活层。在此设计中，恒等映射必须在添加权重层的输出后通过 ReLU 激活。残差网络的作者的后续工作证明，这种"后激活"机制可以用"预激活"机制代替，其中批量归一化和 ReLU 层放置在权重层之前[He et al.，2016b]。这导致从输入到输出的直接"无阻碍"恒等连接，这进一步增强了非常深的网络的特征学习能力。这个想法如图 6.9 所示。通过对残差块的这种修改设计，一个 200 层深度的网络在训练数据上没有任何过拟合的情况下表现良好(与先前的残差网络设计相反，在有相同数量的层时，后者开始出现过拟合)。

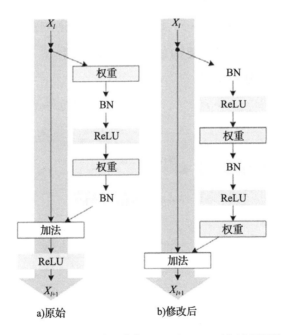

a)原始　　　　　　b)修改后

图 6.9　具有预激活机制的残差块[He et al.，2016b](本图经许可使用)

　　另一个类似的网络架构是高速公路网络[Srivastava et al.，2015]，它为快捷方式和主要分支增加了可学习的参数。这用作切换机制来控制通过主分支和快捷分支的信号流，并允许网络决定哪个分支对于最终任务更有用。

6.7 ResNeXt

ResNeXt 架构结合了 GoogleNet 和 ResNet 设计的优势。具体而言，它利用在残差网络中提出的跳跃式连接，并将它们与 Inception 模块中的多分支架构相结合。这将一组转换应用于输入特征图，并在将输出激活转发到下一个模块之前将得到的结果输出合并在一起。

ResNeXt 块在三个关键方面与 Inception 模块不同。**首先**，与 Inception 模块相比，它包含相当多的分支。**其次**，与 Inception 架构的不同分支中的不同大小的滤波器相比，ResNeXt 模块每个分支中的变换序列与其他分支相同。与 Inception 模块相比，这简化了 ResNeXt 架构的超参数选择。**最后**，ResNeXt 块包含跳跃式连接，已知这些连接在深度网络的训练中至关重要。ResNet 和 ResNeXt 块之间的比较如图 6.10 所示。请注意，与 ResNet 相比，多分支架构加上响应的聚合可以提高性能。具体来说，101 层 ResNeXt 架构能够实现比几乎是双倍大小（200 层）深度的 ResNet 更高的精度。

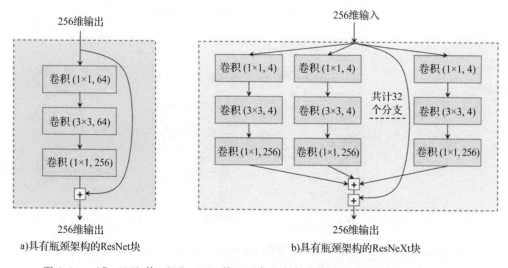

a)具有瓶颈架构的ResNet块　　　b)具有瓶颈架构的ResNeXt块

图 6.10　a)ResNeXt 块；b)ResNeXt 块。两者具有大致相同数量的参数。虽然 ResNet 块包含单个主分支以及跳跃式连接，但 ResNeXt 块由许多分支（正式称为"块基数"）组成，每个分支实现一个变换，框设的 ResNeXt 块具有 32 个分支，其中每个变换显示为输入通道的数量×滤波器维度×输出通道的数量

整体 ResNeXt 架构与表 6.1 所示的 ResNet 设计相同。唯一的区别是残差块被上述 ResNeXt 块替换。出于效率目的，每个 ResNeXt 块中的变换组实现为分组卷积，其中所有 N 个变换路径在单个层中结合，形成的输出通道的数量等于 $N\times C$，其中 C 是每个单独的变换路径中输出通道的数量。例如，如图 6.10 所示，ResNeXt 块中的第一层实现为具有 32×4 输出通道的单层。分组卷积仅允许 32 个组中的每个组内的卷积，实际上类似于 ResNeXt 块中所示的多路径架构。

6.8 FractalNet

FractalNet 设计基于以下观察：基于残差的学习不是成功训练非常深的卷积网络的唯一关键因素。相反，网络中（前向和反向）信息流的多个快捷路径的存在实现了深度监督的形式，这在网络训练期间有帮助。在模型训练期间没有使用数据增强时，分形设计比在 MNIST、CIFAR-10、CIFAR-100 和 SVHN 数据集上的残差设计具有更好的性能[Larsson et al.，2016]。

分形设计在图 6.11 中解释。并不是单个主分支（如在 VGG 中）或两个分支网络（其中一个是学习残差函数的恒等连接），分形设计由多个分支组成，每个分支具有不同数量的卷积层。卷积层的数量取决于分形块中分支的列号。如果 c 表示列号，则第 c 个分支中的层数为 2^{c-1}。例如，左边的第一列只有一个权重层，第二列有两个权重层，第三列有四个权重层，第四列有八个权重层。如果 C 表示 FractalNet 块中的最大列数，则块的总深度将为 2^{C-1}。请注意，来自多个分支的输出被平均在一起以产生联合输出。

为了避免分支之间的冗余特征表示和协同调整，FractalNet 利用"路径丢弃"来实现网络的正则化。路径丢弃（path-dropout）随机忽略结合操作期间的一个传入路径。虽然这种方法（称为"局部路径丢弃"）充当正则化器，但是从输入到输出仍然可以使用多个路径。因此，还引入了第二版路径丢弃（称为"全局路径丢弃"），其中在 FractalNet 中仅随机选取了一列。在网络训练期间交替应用这两种正则化以避免模型过拟合。

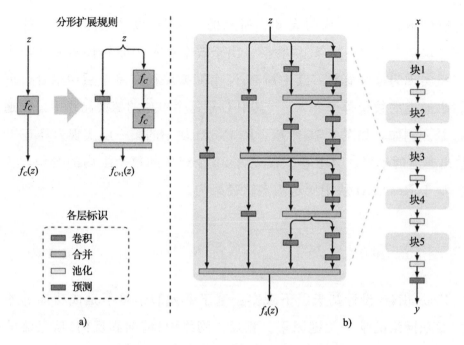

图 6.11 a)显示了基本的分形设计扩展规则,它包含两个用于信息流的分支,每个分支使用单个(左分支)或多个变换(右分支)转换输入。b)FractalNet[Larsson et al.,2016],有五个分形块,每个块由 C 列和 H 个层次组成。在显示的示例块中,$C=4$ 且 $H=3$(本图经许可使用)

6.9 DenseNet

在先前讨论的架构中,例如 ResNet、FractalNet、ResNeXt 和高速公路网络,使用跳跃式(和快捷)连接可以避免梯度消失问题,并且可以训练非常深的网络。DenseNet 通过将每层的输出传播到所有后续层来扩展这一想法,有效地减轻了网络训练期间前向和反向信息的传播[Huang et al.,2016a]。这允许网络中的所有层彼此"交谈",并自动找出在深度网络中组合多阶段特征的最佳方式。

DenseNet 示例如图 6.12 所示。由于信息流是向前方向,因此每个初始层直接连接到所有后续层。通过将层的特征图与来自所有前面的层的特征图拼接起来实现这些连接。这与 ResNet 形成对比,ResNet 使用跳跃式连接来添加初始层的输出,然后再通过下一个 ResNet 块进行处理

（见图 6.10）。在 DenseNet 中，这种直接连接有三个主要后果。**首先**，初始层的特征直接传递到后面的层，而不会丢失任何信息。**其次**，由于来自所有前续层的先前特征图的拼接，DenseNet 的后续层中的输入通道的数量迅速增加。为了保持网络计算可行，每个卷积层的输出通道的数量（在 DenseNets 中也称为"增长率"）相对较小（例如，6 或 12）。**第三**，特征图的拼接只能在它们的空间大小相互匹配时执行。因此，密集连接的 CNN 由多个块组成，每个块在层内具有密集连接，并且在这些块之间执行池化或跨步卷积操作以将输入折叠成紧凑的表示（见图 6.13）。减少每对 DenseNet 块之间的特征表示大小的层称为"过渡层"。过渡层实现为批量归一化、1×1 卷积层和 2×2 平均池化层的组合。

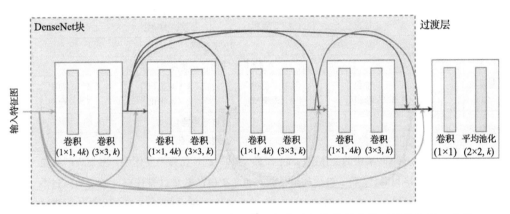

图 6.12　密集连接的五层 CNN 块。请注意，每个层都接收所有前面层的特征。在每个密集块的末尾使用过渡层以减少特征集维度

　　来自 DenseNet 块中前面的层的拼接特征图是不可调的。因此，每个层都学习它自己的表示并将其与来自先前网络阶段的全局信息连接起来。然后将该信息提供给下一层，该层可以添加附加信息，但不能直接改变先前层学习的全局信息。此设计极大地减少了可调参数的数量，并明确区分了网络的全局状态和每个层对全局状态所做的局部贡献。

　　DenseNet 从以前的最佳方法中借鉴了几种设计选择。例如，预激活机制，其中每个卷积层之前是批量归一化和 ReLU 层。类似地，具有 1×1 滤波器的瓶颈层用于在通过 3×3 滤波器层处理它们之前首先减少输入特征图的数量。与 ResNet 相比，DenseNet 在许多数据集（如

MNIST、CIFAR-10 和 CIFAR-100)上实现了最先进的性能，且参数数量相对较少。

层	输入大小	DenseNet−121($k=32$)	DenseNet−169($k=32$)	DenseNet−201($k=32$)	DenseNet−161($k=48$)
卷积	112×112	7×7 卷积，步幅 2			
池化	56×56	3×3 平均池化，步幅 2			
密集块 (1)	56×56	$\begin{bmatrix}1×1\ 卷积\\3×3\ 卷积\end{bmatrix}×6$	$\begin{bmatrix}1×1\ 卷积\\3×3\ 卷积\end{bmatrix}×6$	$\begin{bmatrix}1×1\ 卷积\\3×3\ 卷积\end{bmatrix}×6$	$\begin{bmatrix}1×1\ 卷积\\3×3\ 卷积\end{bmatrix}×6$
过渡层 (1)	56×56	1×1 卷积			
	28×28	2×2 平均池化，步幅 2			
密集块 (2)	28×28	$\begin{bmatrix}1×1\ 卷积\\3×3\ 卷积\end{bmatrix}×12$	$\begin{bmatrix}1×1\ 卷积\\3×3\ 卷积\end{bmatrix}×12$	$\begin{bmatrix}1×1\ 卷积\\3×3\ 卷积\end{bmatrix}×12$	$\begin{bmatrix}1×1\ 卷积\\3×3\ 卷积\end{bmatrix}×12$
过渡层 (2)	28×28	1×1 卷积			
	14×14	2×2 平均池化，步幅 2			
密集块 (3)	14×14	$\begin{bmatrix}1×1\ 卷积\\3×3\ 卷积\end{bmatrix}×24$	$\begin{bmatrix}1×1\ 卷积\\3×3\ 卷积\end{bmatrix}×32$	$\begin{bmatrix}1×1\ 卷积\\3×3\ 卷积\end{bmatrix}×48$	$\begin{bmatrix}1×1\ 卷积\\3×3\ 卷积\end{bmatrix}×36$
过渡层 (3)	14×14	1×1 卷积			
	7×7	2×2 平均池化，步幅 2			
密集块 (4)	7×7	$\begin{bmatrix}1×1\ 卷积\\3×3\ 卷积\end{bmatrix}×16$	$\begin{bmatrix}1×1\ 卷积\\3×3\ 卷积\end{bmatrix}×32$	$\begin{bmatrix}1×1\ 卷积\\3×3\ 卷积\end{bmatrix}×32$	$\begin{bmatrix}1×1\ 卷积\\3×3\ 卷积\end{bmatrix}×24$
分类层	1×1	7×7 全局平均池化			
		1000D 全连接，softmax			

图 6.13　DenseNet 架构的变体[Huang et al.，2016a]。在每个变体中，密集块的数量保持相同(即 4)，但增加生长速率和卷积层的数量以设计更大的架构。每个过渡层都实现为降维层(使用 1×1 卷积滤波器)和用于子采样的平均池化层的组合(表格经[Huang et al.，2016a]许可使用)

CNN 在计算机视觉中的应用

计算机视觉是一个非常广泛的研究领域，涵盖了各种各样的方法，不仅可以处理图像，还可以理解其内容。它是卷积神经网络应用的活跃研究领域。这些应用程序中最受欢迎的包括分类、分割、检测和场景理解。大多数 CNN 架构已用于计算机视觉问题，包括有监督或无监督的面部/对象分类（例如，识别给定图像中的对象或人，或输出该对象的类标签），检测（例如，用每个对象的边界包围盒标注图像），分割（例如，标记输入图像的像素），以及图像生成（例如，将低分辨率图像转换为高分辨率图像）。在本章中，我们描述卷积神经网络在计算机视觉中的各种应用。请注意，本章不是文献综述，而是提供对计算机视觉不同领域的代表性作品的描述。

7.1 图像分类

CNN 已被证明是图像分类任务的有效工具[Deng，2014]。例如，在 2012 年 ImageNet LSVRC 竞赛中，第一个大型 CNN 模型称为 AlexNet [Krizhevsky et al.，2012]（见 6.2 节），与以前的方法相比，它实现了相当低的错误率。ImageNet LSVRC 是一项具有挑战性的竞赛，因为训练集包含大约 120 万张属于 1000 个不同类别的图像，而测试集大约有 150 000 张图像。之后，提出了几种 CNN 模型（例如，VGGnet、GoogleNet、Res-Net、DenseNet）以进一步降低错误率。虽然第 6 章已经介绍了这些用于图像分类任务的最新的 CNN 模型，但我们将在下面讨论一个更新的且更先进的架构，它被提议用于 3D 点云分类（输入到模型的是原始的 3D 点云）并取得了很高的分类性能。

7.1.1 PointNet

PointNet[Qi et al.，2016]是一种神经网络，它将无序的 3D 点云作为输入，并且很好地考虑了输入点的置换不变性。更确切地说，Point-Net 近似于在无序 3D 点云($\{x_1，x_2，\cdots，x_n\}$)上定义的集合函数 g，以将点云映射到向量：

$$g(\{x_1,x_2,\cdots,x_n\}) = \gamma(\max_{i=1..n}\{h(x_i)\}) \tag{7.1}$$

其中，γ 和 h 是多层感知机(MLP)神经网络。因此，集合函数 g 对于输入点的置换是不变的，并且可以近似任何连续的集合函数[Qi et al.，2016]。

如图 7.1 所示，PointNet 可用于从点云进行分类、分割和场景语义分析。它直接将整个点云作为输入并输出类标签以完成 3D 对象分类。对于分割，网络返回输入点云内所有点的点级标签。PointNet 有三个主要模块，我们将在下面简要讨论。

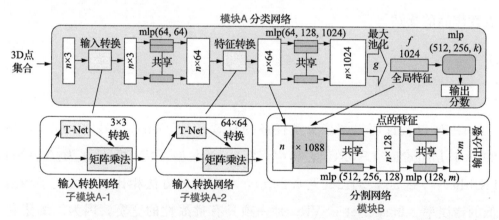

图 7.1 PointNet 架构：分类网络(模块 A)的输入是 3D 点云。网络应用一系列非线性转换，包括输入转换(子模块 A-1)和特征转换(子模块 A-2)，然后使用最大池化来聚合点特征。输出是 C 个类别的分类分数值。可以扩展分类网络以形成分割网络(模块 B)。"mlp"代表多层感知机，括号中的数字是层大小

1. 分类网络(模块 A)

PointNet 的第一个关键模块是分类网络(模块 A)，如图 7.1 所示。该模块由输入转换网络(子模块 A-1)和特征转换网络(子模块 A-2)、多层感知机(MLP)网络和最大池化层组成。无序输入点云($\{x_1，x_2，\cdots，x_n\}$)内的

每个点首先通过两个共享的 MLP 网络(式(7.1)中的函数 $h(\cdot)$)以将 3D 点传送到高维(例如,1024 维)特征空间。接下来,最大池化层(式(7.1)中的函数 $\max(\cdot)$)用作对称函数,以聚合来自所有点的信息,并使模型对输入置换不变。最大池化层的输出(在式(7.1)中 $\max\limits_{i=1..n}\{h(x_i)\}$)是一个向量,表示输入点云的全局形状特征。然后,该全局特征通过 MLP 网络,接着是 softmax 分类器(式(7.1)中的函数 $\gamma(\cdot)$),以将类标签分配给输入点云。

2. 转换/对齐网络(子模块 A-1 和 A-2)

PointNet 的第二个模块是转换网络(图 7.1 中的迷你网络或 T-Net),它由一个共享的 MLP 网络组成,应用于每个点,然后是一个应用于所有点的最大池化层和两个全连接层。该网络预测仿射变换以确保点云的语义标记对几何变换是不变的。如图 7.1 所示,有两种不同的转换网络,包括输入转换网络(子模块 A-1)和特征转换网络(子模块 A-2)。输入的 3D 点首先通过输入转换网络以预测 3×3 仿射变换矩阵。然后,通过将仿射变换矩阵应用于输入点云(子模块 A-1 中的"矩阵乘法"框)来计算新的每点特征。

特征转换网络是输入转换网络的复制品,如图 7.1(子模块 A-2)所示,并用于预测特征变换矩阵。然而,与输入转换网络不同,特征转换网络采用 64 维的点。因此,其预测的变换矩阵具有 64×64 的维度,其高于输入变换矩阵(即子模块 A-1 中的 3×3),这加剧了优化的难度。为了解决这个问题,将正则化项添加到 softmax 损失中,以将 64×64 特征变换矩阵限制为接近正交矩阵:

$$L_{\text{reg}} = \parallel I - AA^{\mathrm{T}} \parallel_F^2 \tag{7.2}$$

其中 A 是特征变换矩阵。

3. 分割网络(模块 B)

可以扩展 PointNet 以预测每个点的数量,这依赖于局部几何和全局语义。由分类网络(模块 A)计算的全局特征被馈送到分割网络(模块 B)。分割网络结合了全局和每点的点特征,然后通过 MLP 网络传递它们以提取新的每点特征。这些新特征包含全局和局部信息，这些信息对分割至关重要[Qi et al.，2016]。最后，将点特征传递给共享的 MLP 层，以给每个点分配标签。

7.2   目标检测与定位

识别物体并将其在图像中定位是计算机视觉中的一个挑战性问题。最近，已经进行了若干使用 CNN 解决该问题的尝试。在本节中，我们将讨论三种最近的基于 CNN 的技术，这些技术用于检测和定位。

7.2.1   基于区域的 CNN

在[Girshick et al.，2016]中，已提出基于区域的 CNN(R-CNN)用于目标检测。在此给出 R-CNN 背后的清晰概念是有益的，即，使用深度 CNN 的区域智能特征提取和对每个对象类的独立线性分类器的学习。R-CNN 对象检测系统由以下三个模块组成。

1. 区域建议（图 7.2 中的模块 A)和特征提取(模块 B)

给定一副图像，第一个模块（图 7.2 中的模块 A)使用选择性搜索[Uijlings et al.，2013]来生成与类别无关的区域建议，其表示对象检测器可用的候选检测的集合。

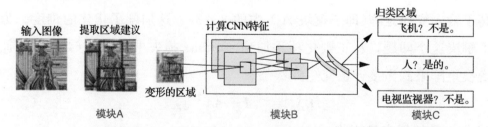

图 7.2   RCNN 对象检测系统。输入到 R-CNN 的是 RGB 图像。然后，它提取区域建议(模块 A)，使用深度 CNN(例如，AlexNet(模块 B))计算每个建议的特征，接着使用类特定的线性 SVM(模块 C)对每个区域进行分类

第二个模块（图 7.2 中的模块 B)是深度 CNN(例如，AlexNet 或 VGGnet)，其用于从每个区域提取固定长度的特征向量。在两种情况下

(AlexNet 或 VGGnet)，特征向量都是 4096 维。为了从给定图像的区域中提取特征，首先转换该区域以使其与网络输入兼容。更确切地说，无论候选区域的纵横比或大小如何，通过在紧密的包围盒中对它们进行变形，将所有像素转换为所需的大小。接下来，通过在网络上前向传播经均值减法处理后的 RGB 图像，并在 softmax 分类器之前读取最后一个全连接层的输出值来计算特征。

2. 训练类特定的 SVM(模块 C)

在特征提取之后，学习每个类的一个线性 SVM，这是该检测系统的第三个模块。为了给训练数据分配标签，与真实标注包围盒的重叠大于或等于 0.5 IoU⊖的所有区域建议，均视为该类别的正例，而其余的视为负例。由于训练数据相对于可用内存而言非常大，因此使用标准难分样本挖掘[Felzenszwalb et al., 2010]来实现快速收敛。

3. 特征提取器的预训练和领域特定训练

对于 CNN 特征提取器的预训练，可使用具有图像级标注的大型 ILS-VRC2012 分类数据集。接下来，利用变形的区域建议进行 SGD 训练，以使网络适应图像检测的新领域和新任务。除了 1000 路的分类层之外，其他网络架构保持不变。即，对于 PASCAL VOC，分类层设置为 20+1；对于 ILSVRC2013 数据集则设置为 200+1(等于这些数据集的类数+背景)。

4. R-CNN 的测试

在测试时，运行选择性搜索以从测试图像中选择 2000 个区域建议。为了从这些区域中提取特征，它们中的每一个都会被变形，然后通过学习获得的 CNN 特征提取器向前传播。接着，使用针对每个类训练的 SVM，对每个类的特征向量进行评分。一旦完成对所有区域的评分，就使用贪婪的非极大值抑制来拒绝建议，该建议重叠的 IoU(真实标注框)中存在一个评分更高的选择(建议)区域，且大于预先指定的阈值。已经证明 R-CNN 可以显著提高平均精度均值(mAP)。

⊖ Intersection over Union，预测框与真实标注框的交集和并集的比值，这个量也称为 Jaccard 指数。——译者注

5. R-CNN 的缺点

上面讨论的 R-CNN 实现了优异的对象检测精度。但是，它仍然有一些缺点。R-CNN 的训练是多阶段的。在 R-CNN 的情况下，采用 softmax 损失来微调对象建议上的 CNN 特征提取器（例如，AlexNet、VGGnet）。SVM 接下来匹配网络的特征。SVM 的作用是执行对象检测并替换 softmax 分类器。就时间和空间的复杂性而言，该模型的训练在计算上是昂贵的。这是因为每个区域建议都需要通过网络。例如，使用 GPU 在 5000 张 PASCAL VOC07 数据集图像上训练 VGGnet-16 需要 2.5 天。另外，提取的特征需要大量存储，即数百兆字节。R-CNN 在测试时执行对象检测也很慢。例如，使用 VGGnet-16（在 GPU 上）作为模块 B 中的特征提取器，每个图像检测一个对象大约需要 47 秒。为了克服这些问题，提出了称为快速 R-CNN 的 R-CNN 的扩展。

7.2.2　快速 R-CNN

图 7.3 显示了快速 R-CNN 模型。快速 R-CNN 的输入是整个图像及其对象建议，其使用选择性搜索算法［Uijlings et al.，2013］提取得到。在第一阶段，将整个图像通过 CNN（例如 AlexNet 和 VGGnet（图 7.3 中的模块 A））传递以提取卷积特征图（通常是最后卷积层的特征图）。对于每个对象建议，通过感兴趣区域（RoI）池化层（模块 B）从特征图中提取固定大小的特征向量，这已在 4.2.7 节中进行了解释。RoI 池化层的作用是使用最大池化将有效 RoI 中的特征转换为固定大小（$X \times Y$，例如 7×7）的小特征图。X 和 Y 是层超参数。RoI 本身是一个矩形窗口，其特征是一个四元组，定义了它的左上角（a，b）及其高度和宽度（x，y）。RoI 层将大小为 $x \times y$ 的 RoI 矩形区域划分为 $X \times Y$ 的子窗口网格，子窗口大小为 $\frac{x}{X} \times \frac{y}{Y}$。然后将每个子窗口中的值最大池化到相应的输出网格中。请注意，最大池化运算符独立应用于每个卷积特征图。然后将每个特征向量作为输入提供给全连接层，这些层分支为两个兄弟输出层。其中一个兄弟层（图 7.3 中的模块 C）给出了对象类和背景类的 softmax 概率的估计。

另一层(图 7.3 中的模块 D)为每个对象类生成四个值，这些值重新定义了每个对象类的包围盒的位置。

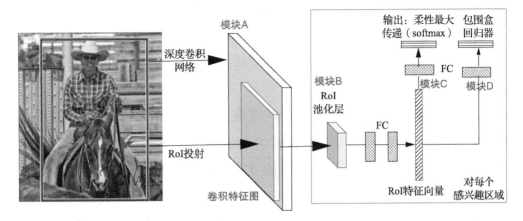

图 7.3 快速 R-CNN 架构。完全卷积网络(例如，AlexNet)的输入是图像和 RoI(模块 A)。将每个 RoI 池化汇集到固定大小的特征图(模块 B)中，然后通过两个全连接层以形成 RoI 特征向量。最后，RoI 特征向量通过两个兄弟层，在不同的类(模块 C)和包围盒位置(模块 D)上输出 softmax 概率

1. 快速 R-CNN 的初始化和训练

快速 R-CNN 由三个预先训练的 ImageNet 模型初始化，包括 AlexNet[Krizhevsky et al.，2012]、VGG-CNN-M-1024[Chatfield et al.，2014]以及 VGGnet-16[Simonyan and Zisserman，2014b]模型。在初始化期间，快速 R-CNN 模型经历三次变换。**首先**，RoI 池化层(模块 B)替换最后一个最大池化层，使其与网络的第一个全连接层兼容(例如，对于 VGGnet-16 $X=Y=7$)。**其次**，上面讨论的两个兄弟层((模块 C 和模块 D)取代了网络的最后一个全连接层和 softmax 层。**最后**，将网络模型调整为接受两个数据输入，即一个图像列表和它们对应的 RoI。然后，SGD 通过在每个标记的 RoI 上使用多任务损失函数，以端到端的方式同时优化 softmax 分类器(模块 C)和包围盒回归器(模块 D)。

2. 使用快速 R-CNN 检测

对于检测，快速 R-CNN 将一张图像以及对应的要评分的 R 个目标对象建议列表作为输入。在测试期间，R 保持在 2000 左右。对于每个测试 RoI(r)，计算每个 K 类(图 7.3 中的模块 C)的类概率得分和一组精细包

围盒(图 7.3 中的模块 D)。请注意，每个 K 类都有自己的精细包围盒。接下来，来自 R-CNN 的算法和配置可用于独立地对每个类执行非极大抑制。已证明快速 R-CNN 可以实现更高的检测性能(mAP 为 66%，而 R-CNN 为 62%)和对 PASCAL VOC 2012 数据集的更高计算效率。使用 VGGnet-16 对快速 R-CNN 进行的训练比 R-CNN 快 9 倍，并且在测试时发现这个网络快了 213 倍。

虽然快速 R-CNN 通过在所有区域建议中共享单个 CNN 计算来提高 R-CNN 的训练和测试速度，但其计算效率受到在 CPU 上运行的区域建议方法的速度的限制。解决此问题的直接方法是在 GPU 上实施区域建议算法。另一种简洁的方法是依靠算法变化。在下一节中，我们将讨论一种称为区域建议网络(RPN)[Ren et al.，2015]的架构，该架构依赖于在端到端学习方式中基于 CNN 的几乎无成本的区域建议的算法变革。

7.2.3 区域建议网络

区域建议网络(RPN)[Ren et al.，2015](见图 7.4)同时预测每个位置的对象包围盒和目标分数。RPN 是一个完全卷积网络，以端到端的方式进行训练，它使用快速 R-CNN(见 7.2.2 节)生成用于对象检测的高质量区域建议。将 RPN 与快速 R-CNN 对象探测器相结合，得到一种新模型，称为更快速 R-CNN(如图 7.5 所示)。值得注意的是，在更快速 R-CNN 中，RPN 通过与快速 R-CNN 共享相同的卷积层实现与其共享计算，允许联合训练。前者(RPN)有五个，而后者(快速 R-CNN)有 13 个可共享的卷积层。在下文中，我们首先讨论 RPN，然后讨论更快速 R-CNN(它将 RPN 和快速 R-CNN 合并到单一网络中)。

RPN 的输入是一个图像(重新缩放以使其较小的边等于 600 像素)，输出是一组对象的包围盒和相关的对象得分(如图 7.4 所示)。要使用 RPN 生成区域建议，首先将图像传递通过可共享的卷积层。然后在最后的共享卷积层的输出特征图上滑动小的空间窗口(如 3×3)，例如，用于 VGGnet-16 的 conv5(图 7.4 中的模块 A)。然后，对于 ZF 和 VGGnet-16 模型(图 7.4 中的模块 B)，每个位置处的可滑动窗口分别转换为尺寸为

256－d 和 512－d 的较低维向量。接下来，该向量作为两个兄弟全连接层的输入，这两个兄弟全连接层包括包围盒回归层（reg）和包围盒分类层（cls）（图 7.4 中的模块 C）。总之，上述步骤（模块 A、模块 B 和模块 C）可以用 3×3 卷积层后接两个兄弟 1×1 卷积层来实现。

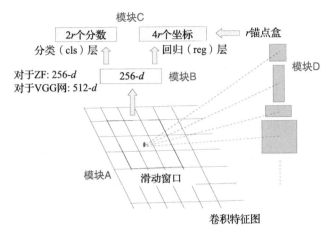

图 7.4 区域建议网络架构，基于单个位置的说明

1. 多尺度区域建议检测

与基于图像/特征金字塔的方法[⊖]不同，RPN 使用一种几乎无成本的算法，用于解决多尺度和纵横比。为此，在每个滑动窗口的位置同时预测 r 个区域建议。因此，reg 层（图 7.4 中的模块 C）通过产生 $4r$ 个输出来编码 r 个区域边框的坐标。为了预测每个建议中"有对象"或"无对象"的概率，cls 层输出 $2r$ 个分数（每个建议的输出总和为 1）。r 个建议相对于锚（即，如模块 D 所示，位于滑动窗口中心的 r 个参考框）进行参数化。这些锚与三种不同的纵横比和三种不同的尺度相关联，从而在每个滑动窗口中产生总共九个锚。

2. RPN 锚的实现

对于锚，使用具有 128^2、256^2 和 512^2 像素的 3 种尺度的边框盒区域，以及 2∶1、1∶1 和 1∶2 的 3 个纵横比。在预测大型建议时，所提出的

⊖ 例如空间金字塔池化（SPP）层[He et al.，2015b]（见 4.3.8 节），它在卷积特征图中使用耗时的特征金字塔。

算法允许使用大于感受野的锚。由于不需要多尺度特征，因此该设计有助于实现高计算效率。

在训练阶段，避免所有跨界锚以减少其对损失的贡献（否则，训练不会收敛）。大约有 $20k$ 个锚，即约等于 $60\times40\times9$，用于 1000×600 分辨率的图像⊖通过忽略跨界锚，每个图像仅剩下约 $6k$ 个锚用于训练。在测试期间，整个图像作为 RPN 的输入。结果，会产生跨界边框盒，于是接下来要将其修剪到图像边界。

3. RPN 训练

在 RPN 的训练期间，每个锚采用二进制标签来指示输入图像中存在"对象"或"无对象"。两种类型的锚具有正例标签：与真实标注包围盒具有最高 IoU 重叠的锚或重叠大于 0.7 的锚。将 IoU 比率低于 0.3 的锚指定为负例标签。此外，在训练时，没有正例或负例标签的锚的贡献不考虑。图像的 RPN 多任务损失函数由下式给出：

$$L(\{p_i\},\{t_i\}) = \frac{1}{N_{\text{cls}}}\sum_i L_{\text{cls}}(p_i, p_i^*) + \lambda\frac{1}{N_{\text{reg}}}\sum_i p_i^* L_{\text{reg}}(t_i, t_i^*)$$

$$(7.3)$$

其中 i 表示锚的索引，p_i 表示锚 i 是对象的概率。p_i^* 代表真实标注标签，对于正例锚设为 1，否则为 0。向量 t_i 和 t_i^* 分别为包含预测包围盒和真实标注包围盒的四个坐标。L_{cls} 是超过两类的 softmax 损失。术语 $p_i^* L_{\text{reg}}$（其中 L_{reg} 是回归损失）表示仅对正例锚的激活回归损失，否则它被禁用。接下来使用 N_{cls}、N_{reg} 和平衡权重 λ 来归一化 cls 层和 reg 层。

4. 更快速 R-CNN 的训练：区域建议和对象检测的共享卷积特征

在前面的章节中，我们讨论了用于生成区域建议的 RPN 网络的训练。但是，我们没有考虑使用这些建议来进行基于区域的对象检测的快速 R-CNN。在下文中，我们将解释更快速 R-CNN 网络的训练，该网络由具有共享卷积层的 RPN 和快速 R-CNN 组成，如图 7.5 所示。

⊖   因为在 ZF 和 VGG 网的最后一个卷积层的总步幅是 16 个像素。

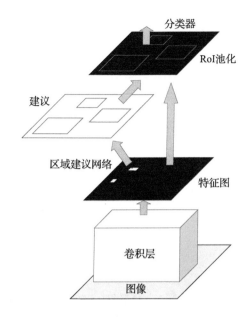

图 7.5 更快速 R-CNN，将 RPN 与快速 R-CNN 对象检测器结合

不是分别学习两个网络（即，RPN 和快速 R-CNN），而是使用四步交替优化方法来共享这两个模型之间的卷积层。**步骤 1**：使用先前描述的策略训练 RPN。**步骤 2**：步骤 1 产生的建议用于训练单独的快速 R-CNN 检测网络。这两个网络在此阶段不共享卷积层。**步骤 3**：快速 R-CNN 网络初始化 RPN 的训练，并且微调 RPN 的特定层，同时保持共享卷积层固定。此时，两个网络共享卷积层。**步骤 4**：通过保持共享卷积层固定来快速调整快速 R-CNN 的 fc 层。因此，通过使用共享相同卷积层的这两个模型形成统一网络，称为更快速 R-CNN。已证明更快速 R-CNN 模型可以在 PASCAL VOC 2007 数据集上获得有竞争力的检测结果，mAP 为 59.9%。

7.3　语义分割

CNN 还可以适用于对诸如语义分割的像素级任务执行密集预测。在本节中，我们将讨论使用 CNN 架构的三种代表性的语义分割算法。

7.3.1　全卷积网络

在本节中，我们将简要描述全卷积网络（FCN）［Long et al.，2015］，如图 7.6 所示，用于语义分割。

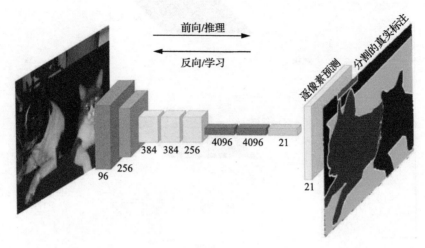

图 7.6　FCN 架构。前七层从 AlexNet 中获得。以橙色显示的卷积层已从全连接层
　　　　（AlexNet 中的 fc6 和 fc7）更改为卷积层（FCN 中的 conv6 和 conv7）。将下一个
　　　　卷积层（以绿色显示）添加到 conv7 之上以生成 21 个粗略输出特征图（21 表示
　　　　PASCAL VOC 数据集中的类数量＋背景数量）。最后一层（黄色）是转置卷积
　　　　层，它对由 conv8 层产生的粗略输出特征图进行上采样

　　典型的分类网络（见第 6 章）将固定大小的图像作为输入并产生非空间的输出图，将其馈送到 softmax 层以执行分类。空间信息丢失，因为这些网络在其架构中使用固定维度的全连接层。然而，也可以将这些全连接层视为具有大内核的卷积层，足以覆盖它们的整个输入空间。例如，一个具有 4096 个单位的全连接层有一组大小为 13×13×256 的数据作为输入，可以等效地表示为具有 4096 个核（大小为 13×13，通道数为 256）的卷积层。因此，输出的维数将是 1×1×4096，产生与初始全连接层相同的输出。基于这种重新解释，卷积化网络可以采用**任何大小的输入图像**并产生**空间输出图**。这两个方面使全卷积模型成为语义分割的自然选择。

　　用于语义分割的 FCN［Long et al.，2015］是通过首先将典型分类网络（例如，AlexNet、VGGnet-16）转换为全卷积网络，然后附加一个转置卷积层（见 4.2.6 节）到卷积网络的末尾而构建的。转置卷积层用于对由卷积网络的最后一层产生的粗略输出特征图进行上采样。更确切地说，给定一个分类网络(例如 AlexNet),最后三个全连接层(4096-D fc6、4096-D fc7 和 1000-D fc8)被转换为三个卷积层(conv6 由 4096 个大小为 13×13 的滤波器组成,conv7 由 4096 个大小为 1×1 的滤波器组成,conv8 由 21[⊖]个大小为 1×1 的滤波器组成)用于 PASCAL VOC 数据集的语义分割。然而,通过该修改的网络向前传递 $H×W×3$ 输入图像产生具有 $H/32×W/32$ 的空间大小的输出特征图,其缩小为原始输入图像的空间大小的 1/32。因此,这些粗略输出特征图被馈送到转置卷积层[⊖]以产生输入图像的密集预测。

　　然而,在转置卷积层处的像素级大步幅(例如,AlexNet 网络中取值为 32)限制了上采样输出中的细节水平。为了解决这个问题,FCN 通过将粗略特征与从较浅层提取的精细特征相结合,扩展为新的完全卷积网络,即 FCN-16s 和 FCN-8s。这两个 FCN 的架构分别显示在图 7.7 的第二行和第三行中。该图中的 FCN-32s 与上面讨论的 FCN(如图 7.6 所示)相同,只是它们的架构不同[⊜]。

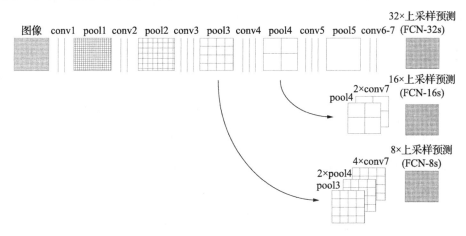

图 7.7　FCN 学习组合浅层(精细)和深层(粗略)信息。第一行显示 FCN-32s,它可以在一个步骤中将预测层上采样回像素。第二行说明了 FCN-16s,它结合了最终层和 pool4 层的预测。第三行显示了 FCN-8s,它通过考虑来自 pool3 层的额外预测提供进一步的精确度

---

1. FCN-16s

如图 7.7 的第二行所示，FCN-16s 组合来自最终卷积层和 pool4 层的预测，且步幅为 16。因此，与 FCN-32s 相比，网络预测更精细的细节，同时保留高级语义信息。更确切地说，在 conv7 层之上计算的类别得分，通过转置卷积层(即，2 倍上采样层)传递，以产生每个 PASCAL VOC 类别(包括背景)的得分。接下来，在 pool4 层的顶部添加 1×1 卷积层，其通道尺寸为 21，以预测每个 PASCAL 类的新分数。最后，将这两个步幅为 16 的预测得分累加，并馈送到另一个转置卷积层(即，16 倍上采样层)以产生与输入图像相同大小的预测图。在 PASCAL VOC 2011 数据集上，FCN-16s 比 FCN-32s 的性能提高了 3 个平均 IoU，达到了 62.4 个平均 IoU。

2. FCN-8s

为了获得更准确的预测图，FCN-8s 组合了来自最终卷积层和较浅层(即 pool3 层和 pool4 层)的预测。图 7.7 的第三行显示了 FCN-8s 网络的架构。首先，在 pool3 层的顶部添加 1×1 卷积层，且其通道尺寸为 21，以预测每个 PASCAL VOC 类别在步幅为 8 时的新得分。然后，步幅为 16 时(图 7.7 中的第二行)的累计预测分数通过转置卷积层(即，2 倍上采样层)传递，以产生新的步幅为 8 时的预测分数。这两个预测得分以步幅为 8 相加，然后馈送到另一个转置的卷积层(即，8 倍上采样层)以产生与输入图像相同大小的预测图。FCN-8s 以较小的平均 IoU 改善了 FCN-18s 的性能，并在 PASCAL VOC 2011 上实现了 62.7 个平均 IoU。

3. FCN 微调

由于有大量训练参数和少量训练样本，从头开始训练是不可行的，因此可以通过整个网络的反向传播进行微调以训练 FCN 进行分割。重要的是，要注意 FCN 使用整个图像训练而不是使用分片级训练，分片级训练是指 FCN 网络是从批量的随机分片(即，围绕感兴趣对象的小图像区域)中学习的。粗糙的 FCN-32s 版本的微调需要 3 GPU 天，而 FCN-16s 和 FCN-8s[Long et al.，2015]则各自需要 1 GPU 天。FCN 已经在 PAS-CAL VOC、NYUDv2 和 SIFT Flow 数据集上进行了分割任务的测试。

与其他报道的方法相比，已证明它可以实现卓越的性能。

4. FCN 的缺陷

上面讨论的 FCN 有一些局限。**第一个**问题涉及 FCN 的单个转置卷积层，它无法准确捕获对象的详细结构。虽然 FCN-16s 和 FCN-8s 试图通过将粗（深层）信息与精细（较浅层）信息相结合来避免这个问题，但在许多情况下，仍然丢失或平滑对象的详细结构。**第二个**问题涉及规模，即 FCN 的固定大小的感受野。这会导致比感受野更大或更小的物体被错误标记。为了克服这些挑战，已经提出了深度反卷积网络（DDN），将在下一节中讨论。

7.3.2　深度反卷积网络

DDN[Noh et al.，2015]由卷积（图 7.8 中的模块 A）和反卷积网络（图 7.8 中的模块 B）组成。卷积网络充当特征提取器并将输入图像转换为多维特征表示。另一方面，反卷积网络是形状生成器，其使用这些提取的特征图并在输出处产生具有输入图像的空间大小的类得分预测图。这些类得分预测图表示每个像素属于不同类的概率。

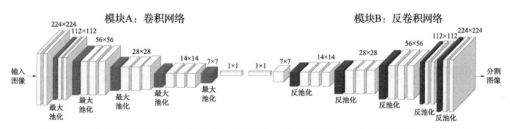

图 7.8　深度反卷积网络的总体架构。将多层反卷积网络置于卷积网络之上以准确地执行图像分割。给定来自卷积网络（模块 A）的特征表示，通过多个反池化和转置卷积层（模块 B）构建密集类得分预测图

DDN 使用卷积的 VGGnet-16 网络作为其卷积部分。更准确地说，去除了最后一个全连接的 VGGnet-16 层，最后两个全连接层被转换为卷积层（类似于 FCN）。反卷积部分是卷积网络的反向过程。与使用单个转置卷积层的 FCN-32s 不同，DDN 的反卷积网络使用一系列反池化和转置的卷积层来生成具有与输入图像相同的空间大小的类预测图。模型的卷积部分通过前馈传递减小输出特征图的空间大小，与此相反，对应的反卷

积部分通过组合转置卷积和反池化层来增加大小。

1. 反池化层

DDN 的反卷积网络的反池化层执行卷积网络的最大池化层的反向操作。为了能够执行反向最大池化，最大池化层将最大激活的位置保存在它们的"开关变量"中，即基本上是最大池化操作的 argmax⊖。然后，反池化层使用这些开关变量将激活放回其原始的被池化位置。

2. DDN 训练

为了用相对较少的训练样例训练这个非常深的网络，采用以下策略。**首先**，每个卷积和转置卷积层之后是批量归一化层(见 5.2.4 节)，已经发现该层对 DDN 优化至关重要。**其次**，与执行图像级分割的 FCN 不同，DDN 使用实例级分割，以便处理各种尺度的对象并降低训练复杂度。为此，使用两阶段训练方法。

在**第一阶段**，DDN 接受简单样本训练。为了生成该阶段的训练样本，使用对象的真实标注包围盒来裁剪每个对象，使得对象在裁剪的包围盒中居中。在**第二阶段**中，来自第一阶段的学习模型通过更具挑战性的样本进行微调。因此，每个对象建议都有助于训练样本。具体来说，选择与真实包围盒分割区域(IoU 大于等于 0.5)充分重叠的候选对象建议用于训练。为了包括上下文，在此阶段也采用后处理。

3. DDN 的推断

由于 DDN 使用实例级分割，因此需要算法来聚合图像内的各个对象建议的输出得分预测图。为此，DDN 使用输出预测图的像素级的最大值。更准确地说，每个对象建议的输出预测图($g_i \in \mathbb{R}^{W \times H \times C}$，其中 C 是类的数量，i、W 和 H 分别表示对象建议的索引、高度和宽度)首先叠加在用零填充 g_i 外的图像空间。然后，按如下公式计算整个图像的逐像素预测图：

$$P(x, y, c) = \max_i G_i(x, y, c), \quad \forall i \tag{7.4}$$

其中 G_i 是对应于图像空间中的 g_i 的预测图，并且在 g_i 外部具有零填充。

⊖ argmax 是一种函数，它表示函数取最大值时所对应的自变量 x 的值。

接下来，将 softmax 损失应用于聚合预测图，即在式(7.4)中的 P，以获得整个图像空间中的类概率图(O)。通过将全连接的条件随机场(Conditional Random Field，CRF)[Krähenbühl and Koltun，2011]应用于输出类概率图 O 来计算最终的像素级标记图像。

> **条件随机场(CRF)** CRF 是一类统计建模技术，被归类为逻辑回归的顺序版本。逻辑回归是一种对数线性分类模型，与它相比，CRF 是用于顺序标记的对数线性模型。
>
> CRF 定义为 X 和 Y 的条件概率，表示为 $P(Y|X)$，其中 X 表示多维输入(即特征)，并且 Y 表示多维输出(即标记)。其概率可以用两种不同的方式建模，即一元势函数和二元势函数。一元势函数用于模拟给定像素或分片属于每个特定类别的概率，而二元势函数定义为模拟两个不同像素和分片之间的关系。在全连接的 CRF 中，例如 Krähenbühl 和 Koltun[2011]，探索后一种方法以在给定图像中的所有像素对上建立二元势函数，从而导致精细分割和标记。有关 CRF 的更多详细信息，读者可参考 Krähenbühl 和 Koltun[2011]。

4. DDN 的测试

对于每个测试图像，使用边缘盒算法生成大约 2000 个对象建议[Zitnick and Dollár，2014]。接下来，选择具有最高对象得分的最佳 50 个建议。然后使用这些对象建议来计算实例级分割，接着使用上面讨论的算法对其进行聚合，以获得整个图像的语义分割。与其他报道的方法相比，DDN 在 PASCAL VOC 2012 数据集上的表现优异，达到 72.5%。

5. DDN 的缺点

上面讨论的 DDN 有一些限制。**首先**，DDN 在其架构中使用多个转置卷积层，这需要额外的内存和时间。**其次**，训练 DDN 是棘手的，需要大量的训练数据来学习转置卷积层。**再次**，DDN 通过执行实例级(instant-wise)分割来处理多个尺度的对象。因此，它需要通过 DDN 前馈传递所有对象建议，这是一个耗时的过程。为了克服这些挑战，已经提出了 DeepLab 模型，将在下一节中讨论。

7.3.3　DeepLab

在 DeepLab[Chen et al.，2014]中，语义分割的任务通过采用具有上采样滤波器的卷积层来解决，这些滤波器称为 atrous 卷积(或空洞卷积，如第 4 章中所讨论的)。

回想一下，通过典型的卷积分类网络向前传递输入图像，减少了输出特征图的空间尺度，通常降低为原来的 1/32。然而，对于密集预测任务(例如语义分割)，32 个像素的步幅限制了上采样输出图中的细节水平。一个部分解决方案是将多个转置卷积层(如 FCN-8s 和 DDN 中的)附加到卷积分类网络的顶部，以产生与输入图像相同大小的输出图。但是，这种方法成本太高[一]。这些卷积分类网络的另一个关键限制是它们具有预定义的固定大小的感受野。例如，FCN 及其所有变体(即 FCN-16s 和 FCN-8s)使用 VGGnet-16，它用固定大小的 3×3 滤波器。因此，比感受野明显更小或更大的空间尺寸的对象是有问题的[二]。

DeepLab 在其架构中使用 atrous 卷积来同时解决这两个问题。如第 4 章所述，atrous 卷积允许显式控制在卷积网络中计算出的输出特征图的空间大小。它还扩展了感受野，而不增加参数的数量。因此，它可以在执行卷积时有效地结合更宽的图像上下文。例如，要将卷积化 VGGnet-16 网络[三]中输出特征图的空间大小增加 2 倍，可以将最后一个最大池化层(pool5)的步幅设置为 1，然后将后续卷积层(conv6，它是 fc6 的卷积版本)替换为具有采样因子 $d=2$ 的 atrous 卷积层。这种修改还将 3×3 滤波器扩展为 5×5，因此扩大了滤波器的接收域。

1. DeepLab-LargeFOV 架构

DeepLab-LargeFOV 是一个 CNN，具有一个有很大感受野的 atrous 卷积层。具体来说，通过将 VGGnet-16 的前两个全连接层(即 fc6 和 fc7)

[一]　训练这些网络需要相对更多的训练数据、时间和内存。

[二]　仅从局部信息获得大对象的标签预测。因此，属于相同大对象的像素可能具有不一致的标签。此外，属于小对象的像素可能被分类为背景。

[三]　通过将所有全连接层转换为卷积层来获得卷积化的 VGGnet-16。

转换为卷积层（即 conv6 和 conv7），然后追加一个有 21 个通道的 1×1 卷积层（即 conv8），将其放在卷积网络末端，用于 PASCAL VOC 数据集的语义分割，从而构建 DeepLab-LargeFOV。最后两个最大池化层（即 pool4 和 pool5）的步幅变为 1[⊖]，并且 conv6 层的卷积滤波器被一个 atrous 卷积层（核大小为 3×3，采样因子 $d=12$）替代。因此，输出类别得分预测图的空间大小增加了 4 倍。最后，采用快速双线性插值层[⊖]（即，8 倍上采样）来将输出预测图恢复为原始图像大小。

2. atrous 空间金字塔池化（ASPP）

为了在多个尺度上捕获对象和上下文，DeepLab 采用了具有不同的采样因子 d 的多个并行的 atrous 卷积层（见 4.2.2 节），这受到了 4.2.8 节中讨论的空间金字塔池化(SPP)层成功的启发。具体而言，具有 atrous 空间金字塔池化层（称为 DeepLab-ASPP）的 DeepLab 是通过使用 4 个具有 3×3 滤波器的并行的 conv6—conv7—conv8 分支和在 conv6 层设置不同的 atrous 采样因子($d=\{6，12，18，24\}$)构建的，如图 7.9 所示。聚合来自所有四个并行分支的输出预测图以生成最终的类得分图。接下来，采用快速双线性插值层来恢复成具有原始图像大小的输出预测图。

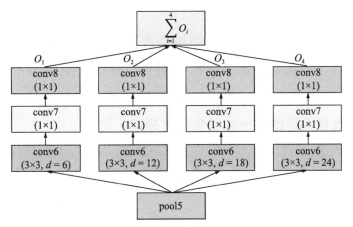

图 7.9　DeepLab-ASPP 的架构（具有 atrous 空间金字塔池化层的 DeepLab）。pool5
　　　　表示 VGGnet-16 的最后一个池化层的输出

⊖　原始 VGGnet-16 中 pool4 和 pool5 层的步幅为 2。

⊖　DeepLab 不使用 FCN 和 DDN 中的转置卷积层，而是使用快速双线性插值层，且无需训练其参数。这是因为，与 FCN 和 DDN 不同，DeepLab 的输出类得分预测图（即，conv8 层的输出图）非常平滑，因此单个上采样步骤可以有效地恢复与输入图像大小相同的输出预测图。

3. DeepLab 的推断和训练

双线性插值层的输出预测图只能预测对象的存在和粗略位置，但是对象的边界无法恢复。DeepLab 通过将全连接的 CRF[Krähenbühl and Koltun，2011]与双线性插值层的输出类预测图相结合来处理此问题。DDN 也使用相同的方法。在训练期间，深度卷积神经网络（DCNN）和 CRF 训练阶段是分离的。具体而言，在卷积化的 VGGnet-16 网络的微调之后执行全连接的 CRF 的交叉验证。

4. DeepLab 的测试

DeepLab 已经在 PASCAL VOC 2012 验证集上进行了测试，并且与其他报告的方法（包括全卷积网络）相比，已经证明可以实现 71.6% 平均 IoU 的最新性能。此外，具有 atrous 空间金字塔池化层的 DeepLab（DeepLab-ASPP），其准确度比 DeepLab-LargeFOV 高出约 2%。实验结果表明，与采用 VGGnet-16 的 Deep Lab 相比，基于 ResNet-101 的 DeepLab 可提供更好的分割结果。

7.4 场景理解

在计算机视觉中，对场景中的单个或孤立物体的识别已经取得了显著成功。然而，开发更高水平的视觉场景理解需要更复杂的关于单个对象、它们的 3D 布局和相互关系的推理[Khan，2016；Li et al.，2009]。在本节中，我们将讨论如何在场景理解领域中使用 CNN。

7.4.1 DeepContext

DeepContext[Zhang et al.，2016]提出了一种将 3D 上下文嵌入神经网络拓扑中的方法，该方法经过训练可以执行整体场景理解。给定输入 RGB-D 深度图像，网络可以同时进行全局预测（例如，场景类别和 3D 场景布局）以及局部决策（例如，3D 空间中的每个组成对象的位置和类别）。该方法通过首先从训练数据中学习一组场景模板来工作，该训练数据对属于特定类别的对象的单个或多个实例的可能位置进行编码。使用四种不同的场景模板，包括睡眠区、休息区、办公区和桌椅组。给定此上下文场景表示，DeepContext 使用 CNN(图 7.10 中的模块 B)将 RGB-D 图像的输入量化表示与一个场景模板匹配。然后，使用转换网络(图 7.10 中的模块 C)将输入场景与场景模板对齐。对齐的量化输入被馈送到具有两个主要分支的深度 CNN；**一个**工作于完整的 3D 输入并获得全局特征表示，而**另一个**工作在局部对象级别，并预测对齐模板(图 7.10 中的模块 D)中每个潜在对象的位置和存在性。

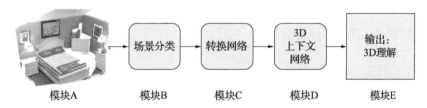

图 7.10   DeepContext 处理流水线的框图。给定 3D 体数据输入(模块 A)，转换网络 (模块 C)将输入数据与其对应的场景模板(由模块 B 估计)对齐。使用该粗略 对齐的场景，3D 上下文网络(模块 D)估计对象的存在并基于局部对象特征 和整体场景特征调整对象位置，以理解 3D 场景

DeepContext 算法遵循用于场景理解的分层过程，这将在下面讨论。

1. 学习场景模板

场景模板(例如，办公室、睡眠区)的布局是从 SUN RGB-D 数据集 [Song et al.，2015]中学习的，这个数据集具有 3D 对象包围盒标注。每个模板通过总结包围盒位置和训练集中存在的对象的类别信息来表示一个场景上下文。作为初始步骤，识别每个场景模板(即，睡眠区、休息区、办公区和桌椅组)的所有清晰示例。接下来，在每个场景模板(例如，睡眠区中的床)中手动识别主要对象，并且这些对象的位置用于对齐属于特定类别的所有场景。这种粗略对齐用于寻找每个对象的最频繁位置(也称为"锚位置")，它是通过执行 k-均值聚类并为每个对象选择前 k 个中心实现的。请注意，对象集不仅包括常规对象(例如，床、桌子)，还包括定义房间布局的场景元素(例如，墙壁、地板和天花板)。

用于学习场景模板的场景类别的干净数据集也用于后续处理阶段，

例如场景分类、场景对齐和 3D 对象检测。我们将在下面讨论这些阶段。

2. 场景分类(图 7.10 中的模块 B)

训练全局 CNN 以将输入图像分类到场景模板之一。其架构与图 7.11 中的全局场景路径完全相同。请注意,网络输入是输入 RGB-D 图像的 3D 体表示,使用截断有符号距离函数(TSDF)[Song and Xiao,2016]获得。使用三个处理块处理起初的表示,每个处理块包括一个 3D 卷积层、一个 3D 池化层和一个 ReLU 非线性层。输出是对应输入的 3D 空间位置的网格的中间"空间特征"表示。它由两个全连接层进一步处理,以获得用于预测场景类别的"全局特征"。请注意,局部空间特征和全局场景级特征稍后将在 3D 上下文网络中使用。

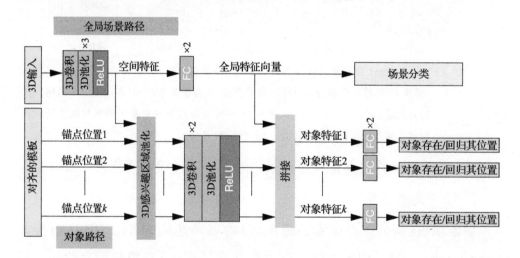

图 7.11 深度 3D 上下文网络(图 7.10 中的模块 D)架构。该网络由两个通道组成,用于全局场景级识别和局部对象级检测。仅在预训练期间利用场景分类任务监督场景路径(模块 B)。对象路径执行对象检测,即,预测对象的存在/不存在并回归处理其位置。请注意,对象路径从场景路径中引入局部和全局特征

3. 3D 转换网络(图 7.10 中的模块 C)

一旦识别出相应的场景模板类别,3D 转换网络估计出一个全局转换,将输入场景与相应的场景模板对齐。转换分两步计算:旋转后平移。这两个转换步骤都是作为分类问题单独实现的,CNN 非常适合这些问题。

对于**旋转**,仅预测围绕纵轴(侧滑角)的旋转,因为对于 SUN RGB-D

数据集中的每个场景，重力方向是已知的。由于不需要精确估计沿纵轴的旋转，因此将 360°角度范围划分为 36 个区域，每个区域包含 10°。训练 3D CNN 以预测沿纵轴的旋转角度。CNN 具有与模块 B（场景分类）相同的架构，然而，其输出层具有 36 个单元，其预测 y 轴旋转到的 36 个区域之一。

一旦应用了旋转，则使用另一个 3D CNN 估计对准输入场景中的主要对象（例如，床、桌子）和识别出的场景模板所需的**平移**。同样，CNN 具有与模块 B 基本相同的架构，但是，最后一层由具有 726 个单元的 softmax 层代替。输出单元的每个值表示在 $11×11×6$ 值的离散空间中的平移。与旋转类似，由于离散化的原因，估计的平移也是粗略匹配。注意，对于这样的问题（即，参数估计），回归是自然的选择，因为它避免了由于离散化导致的错误。然而，对于这个问题，作者无法利用回归损失成功训练 CNN。由于上下文网络在下一阶段中回归每个检测到的对象在场景中的位置，因此在该阶段粗略对齐就足够了。我们在下面解释上下文网络。

4. 3D 上下文网络（图 7.11）

上下文神经网络执行 3D 对象检测和布局估计。针对每个场景模板类别训练单独的网络。如图 7.11 所示，该网络有两个主要分支：全局场景级分支和局部对象级分支。两个网络路径都编码关于 3D 场景输入的不同级别的细节，这些细节本质上是互补的。局部对象级分支取决于全局场景级分支的初始层和最终层的特征。为了避免任何优化问题，使用收敛的场景分类网络（模块 B）的权重初始化全局场景级分支（因为两者具有相同的架构）。然后，仅使用来自该特定场景模板的数据分别训练每个类别特定的上下文网络。在此训练过程中，对场景级分支进行微调，同时从头开始训练对象级分支。

对象级分支对来自全局场景级分支的空间特征进行操作。该空间特征是在三个处理层的初始集之后的输出激活图，每个处理层由一个 3D 卷积层、一个池化层和一个 ReLU 层组成。此特征图使用 3D 感兴趣区域（RoI）池化以 $6×6×6$ 分辨率计算对象级特征（对应于锚位置）。3D RoI 池化与 4.2.7 节中描述的对应的 2D 池化相同,只多一个额外的深度维度。然后池化特征通过 3D 卷积层和全连接层处理以预测对象存在性及其位置(3D 包围盒)。使用 R-CNN 定位损失对对象位置进行回归,以最小化真实标注包围盒与预测包围盒之间的偏差(见 7.2.1 节)。

5. 用于预训练的混合数据

由于缺乏用于场景理解的大量 RGB-D 训练数据,该方法使用增强数据集进行训练。与我们在 5.2.1 节中讨论的简单数据增强方法相比,所提出的方法更为复杂。具体来说,通过用相同类别 CAD 模型替换来自 SUN RGB-D 数据集的标注对象来生成混合训练集。得到的混合集合比原始 RGB-D 训练集大 1000 倍。对于 3D 上下文网络(场景路径)的训练,首先在这个大型混合数据集上训练模型,然后对真实的 RGB-D 深度图进行微调,以确保训练收敛。对于对齐网络,来自 3D 上下文网络的预训练场景路径用于初始化。因此,对齐网络也受益于混合数据。

DeepContext 模型已经在 SUN RGB-D 数据集上进行了评估,并且已经被证明可以充分地建模场景上下文。

7.4.2 从 RGB-D 图像中学习丰富的特征

上一节中介绍的对象级和场景级推理系统在 3D 图像上进行端到端训练。在这里,我们提出了基于 RGB-D-(2.5D 而不是 3D)的方法[Gupta et al.,2014],它执行对象检测、对象实例分割和语义分割,如图 7.12 所示。这种方法不是端到端可训练的,而是通过引入新的深度编码方法将彩色图像上的预训练 CNN 扩展到深度图像。这个框架很有意思,因为它演示了预训练网络如何有效地用于迁移学习,从有大量数据可用的领域迁移到标记数据稀缺的领域,甚至是新数据模式(例如,本例中的深度图像)。在接下来的部分,我们将简要讨论处理流水线(见图 7.12)。

1. 编码深度图像用于特征学习

[Gupta et al.,2014]并没有直接在深度图像上训练 CNN,而是提出使用在每个像素位置处计算的三个几何特征来编码深度信息。这三个几

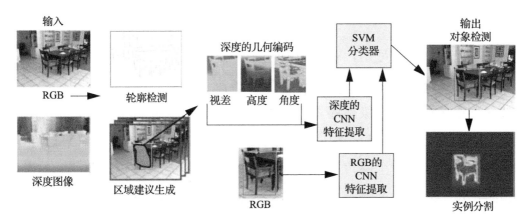

图 7.12 框架的输入是一个 RGB 图像和一个深度图像。首先，使用轮廓信息生成
对象建议。颜色和深度编码的图像通过单独训练的 CNN 以获得特征，然
后使用 SVM 分类器将特征分类为对象类别。在检测之后，使用随机森林
分类器来识别每个有效检测内的前景对象分割

何特征包括水平视差、对地高度以及给定像素处的表面法线与估计的重
力方向之间的角度。该编码称为 HHA 编码（每个几何特征的第一个字
母）。对于训练数据集，所有这些通道都映射到 $0 \sim 255$ 的常数范围。

然后将 HHA 编码和彩色图像馈送到深度网络，基于原始深度信息
在几何特征之上学习更多的辨别特征表示。由于在这项工作中使用的
NYU-Depth 数据集仅由 400 个图像组成，因此数据几何属性的显式编码
对网络产生了很大的影响，这通常需要更大量的数据才能自动学习最佳
特征表示。此外，通过在 NYU-Depth 数据集场景中渲染合成 CAD 模型
来扩展训练数据集。这与我们针对 DeepContext 案例讨论的数据增强方
法一致[Zhang et al.，2016]。

2. 用于特征学习而进行的 CNN 微调

由于这项工作的主要目的是目标检测，因此处理对象建议很有用。
区域建议是使用改进版的多尺度组合分组（MCG）[Arbeláez et al.，2014]
方法获得的，该方法基于深度信息结合了额外的几何特征。与真实标注
对象包围盒重叠较高的区域建议首先用于训练深度 CNN 模型，实现分类
任务。与 R-CNN 相似，针对对象分类任务，把预先训练的 AlexNet
[Krizhevsky et al.，2012]进行了微调。一旦网络微调完成，就使用来自
于对象检测任务的中间 CNN 特征，训练对象特定的线性分类器（SVM）。

3. 实例分割

一旦对象检测可用，就标记属于每个对象实例的像素。通过预测有效检测中每个像素的前景或背景标签来解决该问题。为此，使用随机森林分类器来提供像素级标签。该分类器采用局部手工制作的特征进行训练，详见[Gupta et al.，2013]。由于这些预测大致针对单个像素计算，因此它们可能会产生噪声。为了平滑随机森林分类器的初始预测，这些预测在每个超像素上取平均值。注意，关于实例分割的后续工作（例如，[He et al.，2017]）已经集成了类似的流水线（即，首先检测对象包围盒，然后预测前景掩模以标记单个对象实例）。然而，与[Gupta et al.，2014]提出的方法不同，[He et al.，2017]提出使用端到端可训练的 CNN 模型，该模型避免了手动参数选择和朝向最终目标的一系列孤立处理步骤。因此，与非端到端可训练方法相比，[He et al.，2017]提出的方法实现了高度精确的细分。

该方法的另一个限制是对颜色图像和深度图像的单独处理。正如我们在第6章中讨论的那样，AlexNet 具有大量参数，并且为两种模态学习两组独立的参数使参数空间加倍。此外，由于两个图像属于同一场景，如果联合考虑两种模态，我们期望学习更好的跨模态关系。在这种情况下学习共享参数集的一种方法是以多通道输入（例如，六个通道）的形式堆叠两种模态，并对两种模态执行联合训练[Khan et al.，2017c；Zagoruyko and Komodakis，2015]。

7.4.3　用于场景理解的 PointNet

PointNet(见 7.1.1 节)也通过为图像中的每个像素分配一个语义上有意义的类别标签(图 7.1 中的模块 B)来用于场景理解。虽然我们之前已经讨论过 PointNet 的细节，但有趣的是要注意它与 DeepContext 中的上下文网络(见 7.4.1 节和图 7.11)的相似性。这两个网络都学习初始表示，在全局(场景分类)和局部(语义分割或对象检测)任务之间共享，之后全局和局部分支分离，并通过将高级功能从全局分支复制到局部分支，在局部分支中添加场景上下文。你可能注意到,全局和局部上下文的结合对于成功的语义标签方案是必不可少的。在场景分割中的其他近期工作也建立在类似的想法上,即,使用例如基于金字塔的特征描述[Zhao et al. ,2017]、空洞卷积[Yu and Koltun,2015]或者 CRF 模型[Khan et al. ,2016a;Zheng et al. ,2015],更好地整合场景上下文。

7.5   图像生成

使用神经网络进行图像建模的最新进展(例如生成对抗网络(GAN)[Goodfellow et al. ,2014])使得生成照片般逼真的图像成为可能,可以捕获自然训练数据的高级结构[van den Oord et al. ,2016]。GAN 是一种生成网络,可以以无人监督的方式学习生成逼真的图像。近年来,出现了许多基于 GAN 的图像生成方法,工作得很好。其中一种这样的、有前景的方法是深度卷积生成对抗网络(DCGAN)[Radford et al. ,2015],它通过将随机噪声通过深度卷积网络生成照片般逼真的图像。另一个有趣的方法是超分辨率生成对抗网络(SRGAN)[Ledig et al. ,2016],它从低分辨率图像生成对应的高分辨率图像。在本节中,我们将首先简要讨论 GAN,然后将我们的讨论扩展到 DCGAN 和 SRGAN。

7.5.1   生成对抗网络

GAN 首先由[Goodfellow et al. ,2014]引入。GAN 背后的主要思想是拥有两个相互竞争的神经网络模型(如图 7.13 所示)。第一个模型称为生成器(generator),它将噪声作为输入并生成样本。另一个称为判别器(discriminator)的神经网络从生成器(即假数据)和训练数据(即真实数据)接收样本,并在两个源之间进行区分。这两个网络经历了连续的学习过程,其中生成器学习生成更真实的样本,而判别器学习更好地区分生成数据和真实数据。同时训练这两个网络,目的是驱使生成样本与真实数据无法区分。GAN 的一个优点是它们可将来自判别器的梯度信息反向传播回生成器网络。因此,生成器知道如何调整其参数以产生可以欺骗判别器的输出数据。

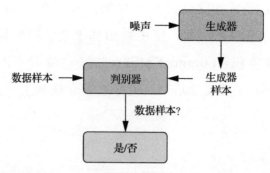

图 7.13　生成对抗网络概述。生成器将噪声作为输入并生成样本。判别器区分生成器
　　　　样本和训练数据

1. GAN 的训练

GAN 的训练涉及两个损失函数的计算，一个用于生成器，一个用于判别器。生成器的损失函数确保它产生更好的数据样本，而判别器的损失函数确保它能区分生成样本和真实样本。我们现在简要讨论这些损失函数，详见[Goodfellow，2016]。

2. 判别器损失函数

判别器损失函数 $J^{(D)}$ 表示如下：

$$J^{(D)}(\theta^{(D)}, \theta^{(G)}) = -\frac{1}{2}\mathbb{E}_{x\sim p_{\text{data}}}[\log D(x)] - \frac{1}{2}\mathbb{E}_{z\sim p_{(z)}}[\log(1 - D(G(z)))]$$

(7.5)

它是交叉熵损失函数。在该等式中，$\theta^{(D)}$ 和 $\theta^{(G)}$ 分别是判别器和生成器网络的参数。p_{data} 表示真实数据的分布，x 是来自 p_{data} 的样本，$p_{(z)}$ 是生成器的分布，z 是来自 $p_{(z)}$ 的样本，$G(z)$ 是生成器网络，D 是判别器网络。可以从式(7.5)中看出，判别器被训练为基于两个小批量数据的二元分类器(带有 sigmoid 输出)。其中之一来自包含真实数据样本的数据集，所有都标记为 1；而另一个来自生成器(即假数据)，所有都标记为 0。

交叉熵　二元分类任务的交叉熵损失函数定义如下：

$$H((x_1, y_1), D) = -y_1 \log D(x_1) - (1 - y_1)\log(1 - D(x_1)) \quad (7.6)$$

其中 x_1 和 y_1 取值范围是 $[-1, 1]$，它们分别表示来自概率分布函数 D 的样本及其所需的输出。在对 m 个数据样本求和之后，式(7.5)可以写成：

$$H((x_i, y_i)_{i=1}^{m}, D) = -\sum_{i=1}^{m} y_i \log D(x_i) - \sum_{i=1}^{m} (1-y_i) \log(1-D(x_i))$$

(7.7)

对于 GAN，数据样本来自两个源，即判别器的分布 $x_i \sim p_{\text{data}}$ 或生成器的分布 $x_i = G(z)$，其中 $z \sim p_{(z)}$。假设来自两个分布的样本数相等。通过写式(7.7)的概率表达（即用期望值替换总和，标签 y_i 用 1/2 表示（因为来自生成器和判别器分布的样本数相等），并且用 $\log(1-D(G(z)))$ 替代 $\log(1-D(x_i))$），我们得到与式(7.5)相同的损失函数，用于判别器。

3. 生成器损失函数

上面讨论的判别器区分了两个类，即真实数据和假数据，因此需要交叉熵函数，这是这类任务的最佳选择。但是，在生成器的情况下，可以使用以下三种类型的损失函数。

极小极大损失函数

极小极大损失 $\ominus$ 是损失函数的最简单版本，其表示如下：

$$J^{(G)} = -J^{(D)} = \frac{1}{2} \mathbb{E}_{x \sim p_{\text{data}}} \left[\log D(x) \right] + \frac{1}{2} \mathbb{E}_{z \sim p_{(z)}} \left[\log(1-D(G(z))) \right]$$

(7.8)

由于梯度饱和问题，已发现极小极大版本不太有用。梯度饱和问题是由于生成器损失函数的设计不佳造成的。具体来说，如图 7.14 所示，当判别器以高可信度 $\ominus$（即 $D(G(z))$ 接近于零）成功拒绝生成器样本时，生成器的梯度消失，因此，生成器的网络无法学习任何东西。

启发式、非饱和损失函数

启发式版本表示如下：

$\ominus$ 在极小极大游戏中，有两个玩家（例如，生成器和判别器），并且在所有状态中，玩家 1 的奖励是玩家 2 的奖励的负数。具体来说，判别器最小化一个交叉熵，但是生成器却最大化相同的交叉熵。

$\ominus$ 在训练开始时，生成器可能产生随机样本，这些样本与真实样本完全不同，因此判别器可以容易地对真实样本和假样本进行分类。

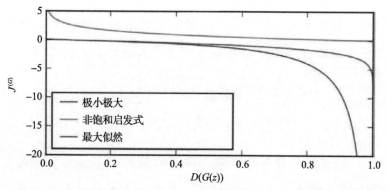

图 7.14 当 $D(G(z))$ 的函数用于 GAN 生成器损失函数的三种不同变体时的损失响应曲线

$$J^{(G)} = -\frac{1}{2}\,\mathbb{E}_z\big[\log D(G(z))\big] \tag{7.9}$$

此版本的损失函数基于以下概念：生成器的梯度仅取决于式(7.5)中的第二项。因此，与极小极大函数相反，其中 $J^{(D)}$ 的符号被改变，在这种情况下，目标被改变，即，使用 $\log(D(G(z)))$ 而不是 $\log(1-D(G(z)))$。该策略的优点是生成器在开始训练过程(如图 7.14 所示)中获得强梯度信号，这有助于实现快速改进以生成更好的数据(例如图像)。

最大似然损失函数

正如名称所示，这个版本的损失函数是受最大似然概念(机器学习中众所周知的方法)启发的，可以写成：

$$J^{(G)} = -\frac{1}{2}\,\mathbb{E}_z\big[\exp(\sigma^{-1}(D(G(z))))\big] \tag{7.10}$$

其中 σ 是逻辑 sigmoid 函数。与极小极大损失函数一样，当 $D(G(z))$ 接近零时，最大似然损失也会受到梯度消失问题的影响，如图 7.14 所示。此外，与极小极大和启发式损失函数不同，作为 $D(G(z))$ 的函数，最大似然损失具有非常高的方差，这是有问题的。这是因为大多数渐变来自极少数的生成器样本，这些样本最有可能是真实的而不是假的。

总而言之，可以注意到所有三个生成器损失函数都不依赖于真实数据(式(7.5)中的 x)。这是有利的，因为生成器不能复制输入数据 x，这有助于避免生成器中的过拟合问题。通过对生成对抗模型及其损失函数的简要概述，我们现在将总结 GAN 训练中涉及的不同步骤。

1)从真实数据集 p_{data} 中抽取一小批 m 个样本。

2）从生成器 $p_{(z)}$（即假样本）中抽取一小批 m 个样本。

3）通过最小化其在式(7.5)中的损失函数来学习判别器。

4）从生成器 $p_{(z)}$ 中对一小批 m 个样本（即假样本）采样。

5）通过最小化其在式(7.9)中的损失函数来学习生成器。

重复这些步骤直到收敛发生或直到迭代终止。通过对生成对抗网络的简要概述，我们现在将讨论 GAN 的两个代表性应用，称为 DCGAN[Radford et al.，2015]和 SRGAN[Ledig et al.，2016]。

7.5.2 深度卷积生成对抗网络

DCGAN[Radford et al.，2015]是第一个 GAN 模型，可以根据随机输入样本生成逼真的图像。在下文中，我们将讨论 DCGAN 的架构和训练。

1. DCGAN 的架构

DCGAN 提供了一族 CNN 架构，可用于 GAN 的生成器和判别器部分。整体架构与基准 GAN 架构相同，如图 7.13 所示。然而，生成器（如图 7.15 所示）和判别器（如图 7.16 所示）的架构都是从全卷积网络[Springenberg，2015]借用的，这意味着这些模型不包含任何池化或反池化层。此外，生成器使用转置卷积来增加表示的空间大小，如图 7.15 所示。与生成器不同，判别器使用卷积来挤压分类任务的表示空间大小（见图 7.16）。对于这两个网络，在卷积和转置卷积层中使用大于 1（通常为 2）的步幅。除了判别器的第一层和生成器的最后一层之外，批量归一化用于 DCGAN 的判别器和生成器模型的其他所有层。这样做是为了确保 DCGAN 学习正确的数据分布规模及其平均值。DCGAN 在除输出层之外的其他所有转置卷积层中使用 ReLU 激活，输出层使用 tanh 激活函数。这是因为有限激活函数（例如 tanh）允许生成器加速学习过程并覆盖来自训练分布的样本的颜色空间。对于判别器模型，发现泄漏 ReLU（见 4.2.4 节）优于 ReLU。DCGAN 使用 Adam 优化器（见 5.4.6 节）而不是具有动量的 SGD。

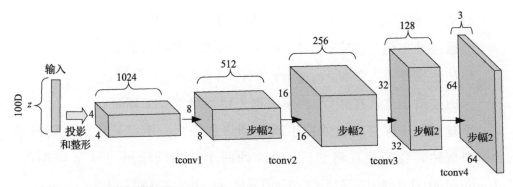

图 7.15　用于大规模场景理解(LSUN)数据集[Song and Xiao，2015]的示例 DCGAN
　　　　生成器架构。一个 100 维的符合均匀分布 z 的张量投影然后重新形成 4×4×
　　　　1024 的张量，其中 1024 是特征图的数量。接下来，张量通过一系列转置卷
　　　　积层（即 tconv1—tconv2—tconv3—tconv4）以产生 64×64×3 的真实图像

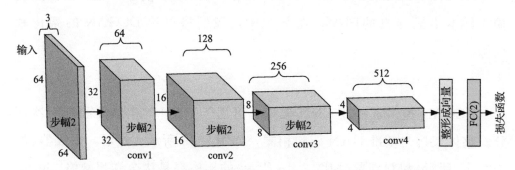

图 7.16　用于 LSUN 数据集[Song and Xiao，2015]的示例 DCGAN 判别器架构。一个
　　　　64×64 RGB 输入图像通过一系列卷积层（即 conv1—conv2—conv3—conv4），
　　　　然后是具有 2 个输出的全连接层

2. DCGAN 作为特征提取器

　　DCGAN 使用 ImageNet 作为自然图像的数据集，用于无监督训练，
以评估 DCGAN 学习的特征的质量。为此，首先对 DCGAN 进行 Ima-
geNet 数据集训练。请注意，训练期间不需要图像标签(无监督学习)。此
外，重要的是要注意所有训练和测试图像被缩放到[−1，1]的范围，即
tanh 激活函数的范围。没有进行其他预处理。然后，对于监督数据集(例
如，CIFAR-10 数据集)中的每个训练图像，将来自判别器的所有卷积层
的输出特征图最大池化，以为每个层产生 4×4 空间网格。接着将这些空
间网格展平并连接以形成图像的高维特征表示。最后，在监督数据集中
的所有训练图像的高维特征表示上训练 l_2 正则化的线性 SVM。值得注意

的是，尽管 DCGAN 未经过监督数据集的训练，但它的表现优于所有基于 k-均值的方法。DCGAN 也可用于图像生成。例如，实验表明，在 LSUN 数据集[Song and Xiao，2015]上训练的 DCGAN 生成器网络中最后一层的输出产生了非常酷的卧室图像。

7.5.3　超分辨率生成对抗网络

[Ledig et al.，2016]提出了单个 SRGAN 的生成对抗网络，其中网络的输入是低分辨率(LR)图像，输出是对应的高分辨率(HR)图像。与现有的基于优化的超分辨率技术不同，该技术依赖于均方误差(MSE)最小化函数作为损失函数，该技术提出了将感知损失函数用于生成器。后者由两个损失组成，称为"内容损失"和"对抗性损失"。在下文中，我们将简要讨论这些损失函数，然后讨论 SRGAN 的架构。

1. 内容损失

均方误差(MSE)损失函数通过抑制高频内容来平滑图像，从而导致感知上不满意的解决方案[Ledig et al.，2016]。为了克服这个问题，在 SRGAN 中使用由感知相似性驱动的内容损失函数：

$$l_{\text{Con}}^{\text{SR}} = \frac{1}{WH} \sum_{x=1}^{W} \sum_{y=1}^{H} (\phi(I^{\text{HR}})_{x,y} - \phi(G_{\theta_G}(I^{\text{LR}}))_{x,y})^2 \qquad (7.11)$$

其中 I^{LR} 和 I^{HR} 是 LR 和 HR 图像，$\phi(\cdot)$ 是由 VGGnet-19 的卷积层产生的输出特征图，W 和 H 分别是特征图的宽度和高度。总之，式(7.11)计算生成图像($G_{\theta_G}(I^{\text{LR}})$)的输出特征图(即，预训练的 VGGnet-19 的卷积层的输出)与真实高分辨率图像 I^{HR} 之间的欧几里得距离。注意，预训练的 VGGnet-19 仅用作特征提取器(即，在训练 SRGAN 期间其权重参数不会改变)。

2. 对抗性损失

对抗性损失与基准 GAN 中的启发式损失函数(式(7.9))相同，定义如下：

$$l_{\text{Adv}}^{\text{SR}} = -\log D_{\theta_D}(G_{\theta_G}(I^{\text{LR}})) \qquad (7.12)$$

其中 $D_{\theta_D}(G_{\theta_G}(I^{\text{LR}}))$ 是生成器产生的图像的概率，$G_{\theta_G}(I^{\text{LR}})$ 是 HR 图像(即真实图像)。

3. 感知损失函数作为生成器损失

在 SRGAN 中用作生成器损失的感知损失函数可计算为内容损失和对抗性损失的有效总和，如上所述并由下式给出：

$$l^{\mathrm{SR}} = l^{\mathrm{SR}}_{\mathrm{Con}/i,j} + 10^{-3} l^{\mathrm{SR}}_{\mathrm{Adv}} \qquad (7.13)$$

其中，$l^{\mathrm{SR}}_{\mathrm{Con}/i,j}$ 表示内容损失，而 $l^{\mathrm{SR}}_{\mathrm{Gen}}$ 表示对抗性损失。

4. 判别器损失

判别器损失是交叉熵损失函数(式(7.5))，将其训练为具有 sigmoid 输出的二元分类器(HR 或 LR 类)。

5. SRGAN 的架构

类似于基准 GAN[Goodfellow et al.，2014]，SRGAN 有两个关键部分——判别器和生成器。我们现在将简要讨论这两个 SRGAN 组件的架构。

6. SRGAN 的判别器网络

SRGAN 的判别器网络如图 7.17 所示，其灵感来自 DCGAN 的架构(见 7.5.2 节)。该网络由 8 个卷积层组成，其卷积核大小为 3×3，其后跟两个全连接层以及一个 sigmoid 函数来执行二元分类。

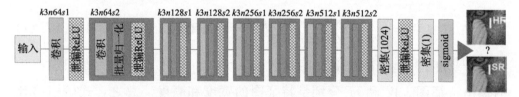

图 7.17　SRGAN 判别器网络的架构。k、n 和 s 分别表示每个卷积层的内核大小、特征图数量和步幅

7. SRGAN 的生成器网络

SRGAN 的生成器组件如图 7.18 所示，其灵感来自深度残差网络(见 6.6 节)和 DCGAN 的架构(见 7.5.2 节)。正如 DCGAN[Radford et al.，2015]所建议的那样，在所有层中都使用泄漏 ReLU 激活函数。此外，除了第一卷积层之外，在其他所有卷积层之后使用批量归一化。

总之，SRGAN 能够使用来自严重下采样图像的照片般逼真的纹理来估计高分辨率图像。它在三个公开可用的数据集(包括 Set5、Set14 和 BSD100)上取得了非常好的表现。

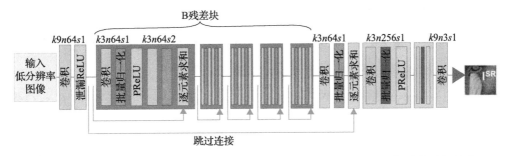

图 7.18　SRGAN 生成器网络的架构。与判别器网络类似，k、n 和 s 分别表示每个卷积层的内核大小、特征图的数量和步幅

7.6　基于视频的动作识别

视频中的人类行为识别是一个具有挑战性的研究问题，在计算机视觉领域受到了极大的关注[Donahue et al.，2015；Karpathy et al.，2014；Rahmani and Bennamoun，2017；Rahmani and Mian，2016；Rahmani et al.，2017；Simonyan and Zisserman，2014a]。动作识别旨在使计算机能够自动识别来自真实世界视频的人类动作。与单图像分类相比，动作视频的时间范围提供了用于动作识别的附加信息。受此启发，已经提出了几种方法来扩展现有图像分类 CNN（例如，VGGnet、ResNet），以便从视频数据中识别动作。在本节中，我们将简要讨论用于基于视频的人类行为识别任务的三种代表性的 CNN 架构。

7.6.1　静止视频帧的动作识别

到目前为止，CNN 已经取得了所期望的图像识别结果。受此启发，[Karpathy et al.，2014]提供了对 CNN 的扩展评估，用于将 CNN 的连通性扩展到时域，以用于大规模动作识别的任务。我们现在讨论用于编码动作视频的时间变化的不同架构。

1. 单帧架构

我们讨论一种单帧基准架构，如图 7.19a 所示，以分析静态表象对分类准确性的贡献。单帧模型类似于 AlexNet[Krizhevsky et al.，2012]，

AlexNet 赢得了 ImageNet 的挑战。但是，网络不需要接受尺寸为 $224\times$ 224×3 的原始输入，而是采用 $170\times170\times3$ 尺寸的图像。该网络具有以下配置：Covn$(96,11,3)$-N-P-Conv$(256,5,1)$-N-P-Conv$(384,3,1)$-Conv$(384,3,1)$-Conv$(256,3,1)$-P-FC(4096)-FC(4096)，其中 Conv(f,s,t) 表示卷积层，其具有空间大小为 $s\times s$ 的滤波器 f 和输入步幅 t。具有 n 个节点的全连接层由 FC(n) 表示。对于池化层 P 和所有归一化层 N，[Krizhevsky et al.，2012]描述了架构细节，与以下参数一起使用：$k=$ 2，$n=5$，$\alpha=10^{-4}$，$\beta=0.5$，其中常数 k、n、α 和 β 是超参数。softmax 层通过密集连接，连接到最后一个全连接层。

给定整个动作视频，通过在网络中单独地向前传播每个帧，然后在视频的持续时间内对各个帧预测求平均来产生视频级预测。

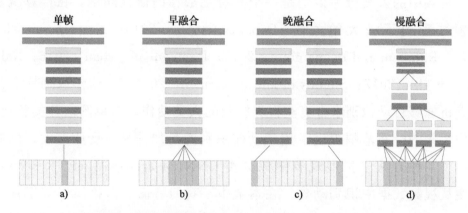

图 7.19　通过网络在时间维度上融合信息的方法。a)单帧；b)早融合；c)晚融合；
　　　　d)慢融合。在慢融合模型(d)中，所描绘的列共享参数。粉色、绿色和蓝
　　　　色框分别表示卷积层、归一化层和池化层

2. 早融合架构

现在，我们讨论早融合模型(见图 7.19b)。该模型捕获整个时间窗口信息，并在像素级别将其组合。为此，修改单帧网络(如上所述)中的第一个 Conv 层上的滤波器。新滤波器的大小为 $11\times11\times3\times T$ 个像素，其中 T 定义时间范围并设置为 10。这种与像素数据的直接和早期连接有助于此模型准确地检测速度和局部移动方向。

对于给定的整个视频，20 个随机选择的样本剪辑分别通过网络，然

后对它们的类预测进行平均以产生视频级动作类预测。

3. 晚融合架构

晚融合模型(见图 7.19c)由两个独立的单帧网络(如上所述)组成,它们共享参数直到最后一个 Conv 层,即 Conv(256,3,1)。然后,将这两个单独的单帧网络的最后一个 Conv 层的输出合并在第一个全连接层中。通过比较两个单帧网络的输出,由第一个全连接层计算全局运动特性。这两个单独的单帧网络放置在相隔 15 帧的距离处。更确切地说,第一和第二单帧网络的输入分别是第 i 帧和第 $i+15$ 帧。

4. 慢融合架构

该模型(见图 7.19d)以这样的方式缓慢地融合整个网络中的时间信息,即,较高层可以在时域和空域中访问更多的全局信息。这是通过执行时间卷积以及空间卷积来计算权重并通过及时扩展所有卷积层的连通性来实现的。更确切地说,如图 7.19d 所示,第一卷积层中的每个滤波器都应用在输入剪辑上,大小为 10 帧。每个滤波器的时间范围是 $T=4$ 并且步幅等于 2。因此,为每个视频剪辑产生 4 个响应。该过程由第二和第三层迭代,具有时间范围 $T=2$ 的滤波器,且步幅等于 2。因此,所有输入帧(总共 10 个)的信息可以由第三卷积层访问。

给定整个人类动作视频,通过在网络中传递 20 个随机选择的样本片段然后在视频的持续时间内对各个片段预测求平均来执行视频级分类。

5. 多分辨率架构

为了在保持其准确性的同时加速上述模型,[Karpathy et al.,2014]提出了多分辨率架构。多分辨率模型由两个独立网络(即中央凹和上下文网络,处理两种不同的空间分辨率)组成,如图 7.20 所示。中央凹和上下文网络的架构类似于上面讨论的单帧架构。但是,这些网络不是接受尺寸为 170×170×3 的原始输入,而是采用 89×89×3 尺寸的图像。更准确地说,中央凹模型的输入是原始空间分辨率下大小为 89×89 的中心区域,而对于上下文流,使用原始分辨率的一半的下采样帧。因此,输入的总维数减半。此外,从中央凹和上下文网络中移除最后的池化层,并且两个网络的激活输出被连接并馈送到第一全连接层中。

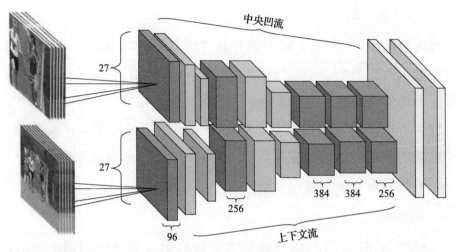

图 7.20　多分辨率架构。输入帧通过两个单独的流传递：一个模拟低分辨率图像的
　　　　上下文流，一个处理高分辨率中心裁剪图像的中央凹流。粉色、绿色和蓝
　　　　色框分别表示卷积层、归一化层和池化层。两个流汇聚到两个全连接层
　　　　（黄色框）

6. 模型比较

所有模型都在 Sport-1M 数据集[Simonyan and Zisserman，2014a]上
进行了训练，其中包含 200 000 个测试视频。结果表明，不同 CNN 架构
（例如，单帧、多分辨率、早融合、晚融合和慢融合）之间的差异令人惊
讶地无关紧要。此外，结果明显逊于最先进的手工浅层模型。一个原因
是这些模型在许多情况下无法捕获运动信息。例如，慢融合模型预计将
隐含地学习其第一层中的时空特征，这是一项艰巨的任务[Simonyan and
Zisserman，2014a]。为了解决这个问题，提出了双流 CNN[Simonyan
and Zisserman，2014a]模型，以在单个端到端学习框架中明确地考虑空
间和时间信息。

7.6.2　双流 CNN

双流 CNN 模型[Simonyan and Zisserman，2014a]（如图 7.21 所示）
使用两个独立的空间和时间 CNN，然后通过晚融合进行组合。空间网络
从单个视频帧执行动作识别，而时间网络学习识别来自运动的动作（即，

密集的光流）。这种双流模型背后的想法与人类视觉皮层包含用于对象和运动识别的两个路径的事实有关，即，腹侧通路执行对象识别而背侧通路识别运动。

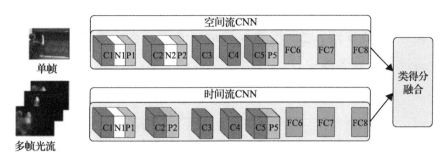

图 7.21   用于动作分类的双流 CNN 的架构

1. 空间流 CNN

空间流 CNN 模型类似于 7.6.1 节中的单帧模型。给定一个动作视频，每个视频帧分别通过图 7.21 所示的空间模型，并为每个帧分配动作标签。请注意，属于给定动作视频的所有帧的标签与动作视频的标签相同。

2. 时间流 CNN

与使用堆叠单个视频帧作为输入的 7.6.1 节中引入的运动感知 CNN 模型（例如，慢融合）不同，时间流 CNN 将若干连续帧之间的堆叠光流位移场作为输入以明确地学习时间特征。在下文中，解释了基于光流的输入的三种变化。

- **光流堆叠**：时间流 CNN 的输入是通过堆叠 L 个连续帧的密集光流形成的（如图 7.22 所示）。帧 t 中的点 (u, v) 处的光流是 2D 位移向量（即，水平和垂直位移），其将点移动到下一帧 $t+1$ 中的对应点。注意，一帧中的密集光流的水平和垂直分量可以看作图像通道。因此，L 个连续帧的堆叠密集光流形成 $2L$ 个通道的输入图像，将其馈送到时间流 CNN 作为输入。

- **轨迹堆叠**：与在 L 个连续帧中的相同位置处对位移向量进行采样的光流堆叠方法不同，轨迹堆叠方法通过沿运动轨迹采样 L 个 2D 点来表示 $2L$ 个通道的输入图像中的运动[Wang et al., 2011a]，如图 7.22 所示。

- **双向光流堆叠**：光流和轨迹堆叠方法都在前向光流上运行。双向光流堆叠方法通过计算前向和后向位移光流场来扩展这些方法。更确切地说，通过在帧 t 和帧 $t+L/2$ 之间堆叠 $L/2$ 前向光流，并且在帧 $t-L/2$ 和帧 t 之间堆叠 $L/2$ 后向光流，将运动信息编码在 $2L$ 个通道的输入图像中。

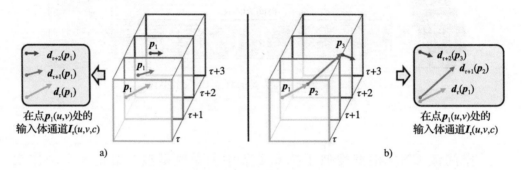

图 7.22   a)光流堆叠方法；b)轨迹堆叠方法

3. 架构

双流 CNN 模型的架构如图 7.21 所示。时间 CNN 中移除了第二归一化层，以减少内存消耗，除此之外，空间和时间 CNN 模型的架构是类似的。如图 7.21 所示，将类得分融合添加到模型的末尾，以通过晚融合来组合空间和时间模型的 softmax 分数。不同的方法可用于类得分融合。然而，实验结果表明，在叠加 l_2 归一化的 softmax 分数上训练线性 SVM 分类器优于简单平均。

7.6.3   长期递归卷积网络

与 7.6.1 节和 7.6.2 节中基于固定数量输入帧堆栈来学习 CNN 滤波器的方法不同，长期递归卷积网络(LRCN)[Donahue et al.，2015]不限于固定长度的输入帧，因此，可以学习识别更复杂的动作视频。如图 7.23 所示，在 LRCN 中，各个视频帧首先通过具有共享参数的 CNN 模型，然后连接到单层 LSTM 网络(在第 6 章中描述)。更准确地说，LRCN 模型结合了深度层次视觉特征提取器(一种 CNN 特征提取器)和一个 LSTM

（以端到端方式学习识别时间变化）。

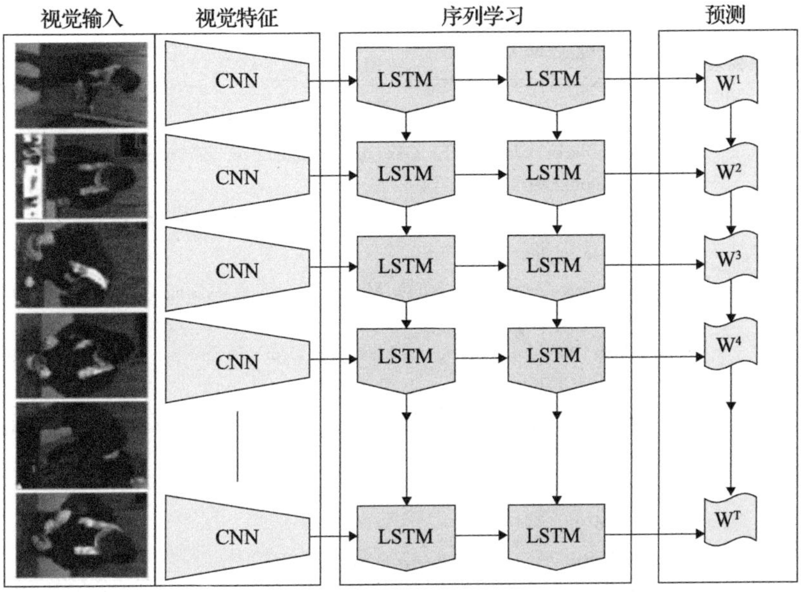

图 7.23　LRCN 架构

在本章中，我们讨论了在计算机视觉中使用 CNN 的代表性工作。在表 7.1 中，我们概述了另一些重要的 CNN 应用程序和最具代表性的近期工作，本书未对其进行详细介绍。在下一章中，我们将讨论 CNN 的一些重要工具和库。

表 7.1　没有在本书中讨论的、少量的最近/最有代表性的 CNN 应用

应　用	论 文 标 题
图像标题	• Deep Visual-Semantic Alignments for Generating Image Descriptions [Karpathy and Fei-Fei, 2015] • DenseCap: Fully Convolutional Localization Networks for Dense Captioning [Johnson et al., 2016]
基于 2D 图像的 3D 重构	• Large Pose 3D Face Reconstruction from a Single Image via Direct Volumetric CNN Regression [Jackson et al., 2017] • Semantic Scene Completion from a Single Depth Image [Song et al. 2017]
轮廓/边缘检测	• DeepContour: A Deep Convolutional Feature Learned by Positive Sharing Loss for Contour Detection [Shen et al., 2015b] • Edge Detection Using Convolutional Neural Network [Wang, 2016]
文本检测与识别	• Reading Text in the Wild with Convolutional Neural Networks [Jaderberg et al., 2016] • End-to-End Text Recognition with Convolutional Neural Networks [Wang et al., 2012]

（续）

应　用	论 文 标 题
形状分析的八叉树表示	• O-CNN：Octree-based Convolutional Neural Networks for 3D Shape Analysis［Wang et al.，2017］ • OctNet：Learning Deep 3D Representations at High Resolutions［Riegler et al.，2016］
人脸识别	• DeepFace：Closing the Gap to Human-Level Performance in Face Verification［Taigman et al.，2014］ • FaceNet：A Unified Embedding for Face Recognition and Clustering［Schroff et al.，2015］
深度估计	• Learning Depth from Single Monocular Images Using Deep Convolutional Neural Fields［Liu et al.，2016］ • Deep Convolutional Neural Fields for Depth Estimation from a Single Image［Liu et al.，2015］
姿态估计	• PoseNet：A Convolutional Network for Real-Time 6-DOF Camera Relocalization［Kendall et al.，2015］ • DeepPose：Human Pose Estimation via Deep Neural Networks［Toshev and Szegedy，2014］
跟踪	• Hedged Deep Tracking［Qi et al.，2016b］ • Hierarchical Convolutional Features for Visual Tracking［Ma et al.，2015］
阴影检测	• Automatic Shadow Detection and Removal from a Single Image［Khan et al.，2016a］ • Shadow Optimization from Structured Deep Edge Detection［Shen et al.，2015a］
视频摘要	• Highlight Detection with Pairwise Deep Ranking for First-Person Video Summarization［Yao et al.，2016］ • Large-Scale Video Summarization Using Web-Image Priors［Khosla et al.，2013］
视觉问答	• Multi-level Attention Networks for Visual Question Answering［Yu et al.，2017］ • Image Captioning and Visual Question Answering Based on Attributes and External Knowledge［Wu et al.，2017］
事件检测	• DevNet：A Deep Event Network for multimedia event detection and evidence recounting［Gan et al.，2015］ • A Discriminative CNN Video Representation for Event Detection［Xu et al.，2015］
图像检索	• Collaborative Index Embedding for Image Retrieval［Zhou et al.，2017］ • Deep Semantic Ranking Based Hashing for Multi-Label Image Retrieval［Zhao et al.，2015a］
行人重识别	• Recurrent Convolutional Network for Video-Based Person Reidentification［McLaughlin et al.，2016］ • An Improved Deep Learning Architecture for Person Re-Identification［Ahmed et al.，2015］
变化检测	• Forest Change Detection in Incomplete Satellite Images with Deep Neural Networks［Khan et al.，2017c］ • Detecting Change for Multi-View, Long-Term Surface Inspection［Stent et al.，2015］

深度学习工具和库

学术界(例如,加州大学伯克利分校、纽约大学、多伦多大学、蒙特利尔大学)和行业组织(例如 Google、Facebook、Microsoft)已经投入很多精力开发深度学习框架。这主要是由于在过去几年中它们在许多应用领域中的普及。开发这些库的关键动机是为研究人员设计和实现深度神经网络提供有效和友好的开发环境。一些广泛使用的深度学习框架是:Caffe、TensorFlow、MatConvNet、Torch7、Theano、Keras、Lasange、Marvin、Chainer、DeepLearning4J 和 MXNet[⊖]。这其中的许多库得到很好的支持,有数十个活跃的贡献者和较多的用户群。由于强大的 CUDA 后端支持,这其中的许多框架在训练具有数十亿参数的深度网络方面非常快。根据 Google 群组中的用户数量和相应 GitHub 存储库中每个框架的贡献者数量,我们选择了十个广泛开发和支持的深度学习框架,包括 Caffe、TensorFlow、MatConvNet、Torch7、Theano、Keras、Lasagne、Marvin、Chainer 和 PyTorch 以进一步讨论。对这些深度学习框架的比较见本章最后的表 8.1 和表 8.2。

8.1 Caffe

Caffe 是一个完全开源的深度学习框架,也许是第一个行业级深度学习框架,因为当时它的 CNN 实现非常出色。它由伯克利视觉和学习中心(BVLC)以及社区贡献者开发。它在计算机视觉社区中非常受欢迎。代码用 C 语言编写,CUDA 用于 GPU 计算,并具有 Python、MATLAB 和命令行界面,用于训练和部署。Caffe 使用 blob 存储和传输数据,blob 是 4 维数组。它提供了一套完整的层类型,包括卷积、池化、内积、非线性(如修止线性和逻辑)、局部响应归一化、逐元素操作和不同类型的损失

⊖ 有关深度学习框架的更完整列表,请查阅 http://deeplearning.net/software_links/。

函数(如 softmax 和 hinge)。学习的模型可以像谷歌协议缓冲区[⊖](Google Protocol Buffers)一样保存到磁盘,谷歌协议缓冲区具有许多优点,例如序列化时具有最小尺寸的二进制字符串,高效的序列化,易于编程使用,以及与二进制版本兼容的人类可读文本格式,序列化结构化数据时优于 XML。大规模数据存储在 LevelDB2 数据库中。还有用于最新的网络的预训练模型,可以进行可重复的研究。我们向读者推荐官方网站[⊖],以了解有关 Caffe 框架的更多信息。

但是,它对循环网络和语言建模的支持总体上很差。此外,它只能用于基于图像的应用程序,而不能用于其他深度学习应用程序,如文本或语音。另一个缺点是用户需要手动定义反向传播的梯度公式。正如我们将进一步讨论的那样,更多最新的库提供了自动梯度计算,这使得定义新层和模块变得容易。

跟随 Caffe 的脚步,Facebook 还开发了 Caffe2,这是一个新的轻量级模块化深度学习框架,它建立在原始 Caffe 上并对 Caffe 进行了改进,特别是现代计算图的设计,支持大规模分布式训练,可以轻松灵活地移植到多个平台,以及简约的模块化。

8.2　TensorFlow

TensorFlow 最初由谷歌大脑团队开发。TensorFlow 在 C/C++语言实现的引擎上提供 Python API 来支持代码编写,使用数据流图完成数值计算。现已提供多个 API。最低级别的 API 称为 TensorFlow Core,提供完整的编程控制。机器学习研究人员和其他需要对其模型进行精细控制的人员建议使用 TensorFlow Core。更高级别的 API 构建在 TensorFlow Core 之上,与 TensorFlow Core 相比,它们更易于学习和使用。

TensorFlow 提供自动微分功能,简化了在网络中定义新操作的过

⊖　谷歌协议缓冲区是一种有效编码结构化数据的方法,它比 XML,更小、更快、更简单。它有助于开发程序通过网络相互通信或存储数据,首先,构建用户定义的数据结构,然后,使用特殊生成的源代码打相相应信种数据流与人和读取结构化数据,以及支持各种语言。

⊖　http://caffe.berkeleyvision.org/

程。它使用数据流图来执行数值计算。图节点表示数学运算，边表示张量。TensorFlow 支持桌面、服务器或移动平台上的多个后端、CPU 或GPU。它很好地支持 Python 和 C＋＋的绑定。TensorFlow 还有支持增强学习的工具。有关详细信息，我们建议读者访问 TensorFlow 网站[⊖]。

8.3   MatConvNet

这是用于实现卷积神经网络的 MATLAB 工具箱。它由牛津视觉几何组开发，作为教育和研究平台。大多数现有的深度网络框架将神经网络层隐藏在编译代码墙后面，与这些网络不同，MatConvNet 层可以直接在 MATLAB 中实现，MATLAB 是计算机视觉研究和许多其他领域中最流行的开发环境之一。因此，可以容易地修改、扩展或与新的层集成。但是，它的许多 CNN 构建模块（如卷积、归一化和池化）使用了由 C＋＋和 CUDA 编写的优化的 CPU 和 GPU 实现。该库中 CNN 计算的实现受到 Caffe 框架的启发。

与大多数现有的深度学习框架不同，MatConvNet 易于编译和安装。该实现是完全独立的，只需要 MATLAB 和兼容的 C＋＋编译器。但是，MatConvNet 不支持循环网络。它拥有一些最新的预训练模型。为了更多地了解这个框架，我们向读者推荐官方网站[⊖]。

8.4   Torch7

Torch7 是一个科学计算框架，为机器学习算法（特别是深度神经网络）提供广泛的支持。它提供类似 MATLAB 的环境，并具有强大的 CUDA 和 CPU 后端。Torch7 是使用 Lua 构建的，Lua 是在 Lua 即时编译器上运行的。选择 Lua 脚本语言提供三个主要优点：1）Lua 易于开发数值算法；2）Lua 可以很容易地嵌入 C 应用程序中，并提供了很好的 C API；

⊖ https://tensorflow.google.cn
⊖ http://www.vlfeat.org/matconvnet/

3)Lua 是最快的解释语言(也是最快的即时编译器)。Lua 是用 C 语言编写的,作为一个库实现。

Torch7 依赖其 Tensor 类来提供高效的多维数组类型。Torch7 具有 C、C++和 Lua 接口,用于模型学习和部署。它还具有易于使用的多 GPU 支持,使其对深度模型的学习具有强大的支持。Torch7 拥有庞大的开发者社区,并且正在大型组织中积极使用,如纽约大学、Facebook AI 实验室、Google DeepMind 和 Twitter。与大多数现有框架不同,Torch7 提供了丰富的循环神经网络。然而,与 TensorFlow 不同,Torch7 用两个独立的库(cutorch 和 autograd)实现 GPU 和自动微分支持,这使得 Torch7 少些灵活性且稍有些难学习。Torch7 官方网站⊖中提供的教程和演示有助于读者更好地理解这个框架。Torch7 可能是最快的深度学习平台。

8.5 Theano

Theano 是一个 Python 库和一个优化编译器,可以有效地定义、优化和评估涉及多维数组的数学表达式。Theano 主要由蒙特利尔大学的机器学习小组开发。它结合了计算机代数系统和优化编译器,可用于重复评估复杂数学表达式的任务,并且这些任务中评估速度至关重要。Theano 为卷积运算提供了不同的实现,例如基于 FFT 的实现[Mathieu et al.,2014],以及基于[Krizhevsky et al.,2012]发布的图像分类网络的开源代码的实现。在 Theano 之上开发了几个库,如 Pylearn2、Keras 和 Lasagne,为快速实现知名模型提供了构建模块。Theano 使用符号图编写神经网络。它的符号 API 支持循环控制,这使得循环神经网络的实现变得简单而有效。

Theano 实现了大多数最先进的网络,无论是以更高级别的框架形式(如 Blocksa 和 Keras),还是纯粹的 Theano。但是,Theano 有点低级,

---

⊖ http://torch.ch/docs/getting-started.html

大型模型的编译时间很长。有关更多信息，请访问官方网站[⊖]。但是，Theano 将在 2018 年之后不再开发(不再实现新功能)。

8.6　Keras

Keras 是一个开源的高级神经网络 API，用 Python 编写，能够运行在 TensorFlow 和 Theano 之上。因此，Keras 受益于两者的优势，并提供更高级别和更直观的抽象集，这使得无论后端科学计算库如何，都可以轻松配置神经网络。Keras 背后的主要动机是实现深度神经网络的快速实验，并尽快从想法到结果。该库包含许多神经网络构建块和工具的实现，可以更轻松地处理图像和文本数据。例如，图 8.1 显示了实现相同目的的 Keras 代码与 TensorFlow 中编程所需代码的比较。如图 8.1 所示，神经网络可以只用几行代码构建。有关更多示例，请访问 Keras 官方网站。[⊜]

Keras 提供两种类型的深度神经网络，包括基于序列的网络(输入线性通过网络)和基于图形的网络(输入可以跳过某些层)。因此，实现更复杂的网络架构(如 GoogLeNet 和 SqueezeNet)非常简单。然而，Keras 并没有提供大多数最新的预训练模型。

8.7　Lasagne

Lasagne[⊜]是一个轻量级的 Python 库，用于在 Theano 中构建和训练网络。与 Keras 不同，Lasange 被开发为 Theano 的轻型包装。Lasange 支持各种深度模型，包括前馈网络(如卷积神经网络(CNN))、循环网络(如 LSTM)以及前馈和循环网络的任意组合。它允许多输入和多输出的架构，包括辅助分类器。其定义成本函数很容易，并且由于 Theano 的符号微分，不需要导出梯度。

⊖　http://deeplearning.net/software/theano/
⊜　https://keras.io/
⊜　https://github.com/Lasagne/Lasagne

```
1    import tensorflow as tf
2
3    input_data = [[0., 0.], [0., 1.], [1., 0.], [1., 1.]]  # XOR input
4    output_data = [[0.], [1.], [1.], [0.]]  # XOR output
5
6    n_input = tf.placeholder(tf.float32, shape=[None, 2], name="n_input")
7    n_output = tf.placeholder(tf.float32, shape=[None, 1], name="n_output")
8
9    hidden_nodes = 5
10
11   b_hidden = tf.Variable(tf.random_normal([hidden_nodes]), name="hidden_bias")
12   W_hidden = tf.Variable(tf.random_normal([2, hidden_nodes]), name="hidden_weights")
13   hidden = tf.sigmoid(tf.matmul(n_input, W_hidden) + b_hidden)
14
15   W_output = tf.Variable(tf.random_normal([hidden_nodes, 1]), name="output_weights")  # output layer's weight matrix
16   output = tf.sigmoid(tf.matmul(hidden, W_output))  # calc output layer's activation
17
18   cross_entropy = tf.square(n_output - output)  # simpler, but also works
19
20   loss = tf.reduce_mean(cross_entropy)  # mean the cross_entropy
21   optimizer = tf.train.AdamOptimizer(0.01)  # take a gradient descent for optimizing with a "stepsize" of 0.1
22   train = optimizer.minimize(loss)  # let the optimizer train
23
24   init = tf.initialize_all_variables()
25
26   sess = tf.Session()  # create the session and therefore the graph
27   sess.run(init)  # initialize all variables
28
29   for epoch in xrange(0, 2001):
30       # run the training operation
31       cvalues = sess.run([train, loss, W_hidden, b_hidden, W_output],
32                          feed_dict={n_input: input_data, n_output: output_data})
33
34       if epoch % 200 == 0:
35           print("")
36           print("step: {:>3}".format(epoch))
37           print("loss: {}".format(cvalues[1]))
38
39   print("")
40   print("input: {} | output: {}".format(input_data[0], sess.run(output, feed_dict={n_input: [input_data[0]]})))
41   print("input: {} | output: {}".format(input_data[1], sess.run(output, feed_dict={n_input: [input_data[1]]})))
42   print("input: {} | output: {}".format(input_data[2], sess.run(output, feed_dict={n_input: [input_data[2]]})))
43   print("input: {} | output: {}".format(input_data[3], sess.run(output, feed_dict={n_input: [input_data[3]]})))
```

a) TensorFlow

```
1    import numpy as np
2    from keras.models import Sequential
3    from keras.layers.core import Activation, Dense
4    from keras.optimizers import SGD
5
6    X = np.array([[0,0],[0,1],[1,0],[1,1]], "float32")
7    y = np.array([[0],[1],[1],[0]], "float32")
8
9    model = Sequential()
10   model.add(Dense(2, input_dim=2, activation='sigmoid'))
11   model.add(Dense(1, activation='sigmoid'))
12
13   sgd = SGD(lr=0.1, decay=1e-6, momentum=0.9, nesterov=True)
14   model.compile(loss='mean_squared_error', optimizer=sgd)
15
16   history = model.fit(X, y, nb_epoch=10000, batch_size=4, verbose=0)
17
18   print model.predict(X)
```

b) Keras

图 8.1 图中展示了 TensorFlow(a)和 Keras(b)实现相同目的的代码多少的差异

8.8　Marvin

Marvin⊖由普林斯顿大学视觉组的研究人员开发。它是一个仅用于GPU 的神经网络框架，用 C＋＋语言编写，并且考虑到简单性、可编程性、速度、内存消耗和高维数据。Marvin 实现包含两个文件，即 marvin. hpp 和 marvin. cu。它支持多 GPU、感受野计算和滤波器可视化。Marvin 可以轻松安装在不同的操作系统上，包括 Windows、Linux、Mac 和 CUDNN 支持的所有其他平台。Marvin 没有提供大多数最新的预训练模型。但是，它提供了一个脚本，用于将 Caffe 模型转换为在 Marvin 中工作的格式。此外，Marvin 没有提供良好的文档，这使得新模型的构建变得困难。

8.9　Chainer

Chainer⊖是一个带有 Python API 的开源神经网络框架。它是由位于东京的机器学习初创公司 Preferred Networks 开发的。与使用定义-运行方法的现有深度学习框架不同，Chainer 是按照运行-定义的原则设计的。

在基于定义-运行的框架中，如图 8.2 所示，模型分为两个阶段，即定义阶段和运行阶段。在定义阶段，构建计算图。更准确地说，定义阶段是基于模型定义的神经网络对象的实例化，模型定义指定层间连接、初始权重和激活函数，例如用于 Caffe 的 Protobuf。在运行阶段，给定一组训练示例，通过使用诸如 SGD 的优化算法最小化损失函数来训练模型。但是，基于定义-运行的框架有三个主要问题：1)低效的内存使用，特别是对于 RNN 模型；2)可扩展性有限；3)用户无法访问神经网络的内部运作信息，例如，调试模型时。

Chainer 通过提供更简单、更直接的方式来实现更复杂的深度学习架

⊖　http://marvin.is/
⊖　https://github.com/chainer/chainer

构，从而克服了这些缺点。与其他框架不同，Chainer 在模型训练之前不会固定模型的计算图。相反，当训练数据集的前向计算发生时，隐含地记忆计算图，如图 8.2 所示。因此，Chainer 允许在运行时修改网络，并使用任意控制流语句。Chainer 官方网站⊖提供了几个关于 Chainer 核心概念的示例和更多细节。

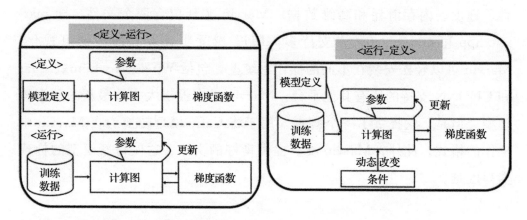

图 8.2　与基于定义–运行的框架不同，Chainer 是一个运行–定义的框架，它不会在模型训练之前固定模型的计算图

8.10　PyTorch

PyTorch 是一个用于 Python 的开源机器学习库。它由 Facebook 的人工智能研究小组开发。与用 Lua（一种相对不受欢迎的编程语言）编写的 Torch 不同，PyTorch 利用了日益普及的 Python。自推出以来，PyTorch 迅速成为机器学习研究人员的最爱，因为它可以轻松构建某些复杂的架构。

PyTorch 主要受 Chainer 的影响。特别是 PyTorch 允许在运行时修改网络，即基于运行–定义的框架。PyTorch 官方网站⊖上提供的教程和演示有助于读者更好地理解这个框架。

表 8.1　深度学习框架的比较(开发者、平台、开发语言和提供的接口)

软件	开发者	支持的平台	核心语言	语言接口
Caffe	伯克利视觉和学习中心(BVLC)	Linux, Mac OS X, Windows	C++	Python, MATLAB
TensorFlow	谷歌大脑团队	Linux, Mac OS X, Windows	C++, Python	Python, C/C++, Java, Go
MatConvNet	牛津视觉几何组(VGG)	Linux, Mac OS X, Windows	MATLAB, C++	MATLAB
Torch7	Ronan Collobert, Koray Kavukcuoglu, Clement Farabet, Soumith Chintala	Linux, Mac OS X, Windows, Android, iOS	C, Lua	Lua, LuaJIT, C, C++的实用程序库
Theano	蒙特利尔大学	Cross-platform	Python	Python
Keras	Francois Chollet	Linux, Mac OS X, Windows	Python	Python
Lasagne	Saunder Dieleman 等人	Linux, Mac OS X, Windows	Python	Python
Marvin	Jianxiong Xiao, Shuran Song, Daniel Suo, Fisher Yu	Linux, Mac OS X, Windows	C++	C++
Chainer	Seiya Tokui, Kenta Oono, Shohei Hido, Justin Clayton	Linux, Mac OS X	Python	Python
PyTorch	Adam Paszke, Sam Gross, Soumith Chintala, Gregory Chanan	Linux, Mac OS X, Windows	Python, C, CUDA	Python

表 8.2　深度学习平台的比较(OpenMP、OpenCL 和 Cuda 的支持,可用的预训练模型,RNN、CNN 以及 RBM/DBN 支持情况)

软件	OpenMP 支持	OpenCL 支持	CUDA 支持	预训练模型	RNN	CNN	RBM/DBN
Caffe	否	是	是	是	是	是	是
TensorFlow	否	拟规划支持	是	是	是	是	是
MatConvNet	是	否	是	部分	否	是	否
Torch7	是	第三方实现	是	是	是	是	是
Theano	是	Theano 作为后端时支持	开发中	是	是	是	是
Keras	是	用 Theano 作为后端的功能支持正在开发中;用 TensorFlow 作为后端的功能拟规划支持	是	部分	是	是	是
Lasagne	否	是	是	是	是	是	是
Marvin	是	是	是	部分	是	是	否
Chainer	是	否	是	部分	是	是	否
PyTorch	是	否	是	是	是	是	是

结　束　语

9.1　本书概要

　　深度学习算法(尤其是 CNN)在计算机视觉问题中的应用已经取得了迅猛发展，产生了高度健壮、高效和灵活的视觉系统。本书旨在介绍CNN 在计算机视觉问题中的不同方面。第 1 章和第 2 章介绍了计算机视觉和机器学习主题，并回顾了传统的特征表示和分类方法。第 3 章简要介绍了深度神经网络的两个通用类别，即前馈和反馈网络，以及它们各自的计算机制和历史背景。第 4 章对 CNN 最近的进展进行了广泛的综述，包括目前的各种层、权重初始化技术、正则化方法和几种损失函数。第 5 章回顾了流行的基于梯度的学习算法，然后是基于梯度的优化方法。第 6 章介绍了最流行的 CNN 架构，主要是为目标检测和分类任务而开发的。第 7 章讨论了计算机视觉任务中的各种 CNN 应用，包括图像分类、目标检测、目标跟踪、姿态估计、动作识别和场景标记。最后，第 8 章介绍了几种广泛使用的深度学习库，以帮助读者理解这些框架的主要特征。

9.2　未来研究方向

　　虽然卷积神经网络(CNN)在实验评估中取得了很好的表现，但仍有一些挑战值得进一步研究。

　　第一，深度神经网络需要大量的数据和计算能力进行训练。但是，手动收集大规模标记数据集是一项艰巨的任务。通过无监督学习技术提取分层特征，可以放宽对大量标记数据的需求。同时，为了加快学习过程，需要进一步研究如何开发有效且可扩展的并行学习算法。在几个应用领域中，存在对象类的长尾分布，不频繁的对象类无法获得足够的训练实例。在这种情况下，需要适当调整深度网络以克服类的不平衡问题[Khan et al.，2017a]。

第二，存储大量参数所需的内存是深度神经网络（包括 CNN）中的另一个挑战。在测试时，这些深度模型具有高内存占用，这使得它们不适用于资源有限的移动设备和其他手持设备。因此，研究如何在不损失精度的情况下降低深度神经网络的复杂性非常重要。

第三，选择合适的模型超参数（例如，学习速率、层数、核的大小、特征图的数量、步幅、池化大小和池化区域）需要相当多的技能和经验。这些超参数对深度模型的准确性具有显著影响。如果没有自动化的超参数调整方法，则需要多次训练，手动调整超参数以获得最佳值。最近的一些工作[He et al.，2016a；Huang et al.，2016b]已经尝试了用于超参数选择的优化技术，并且已经表明，在深度 CNN 架构方面，存在改进当前优化技术的空间。

第四，尽管深度 CNN 在各种应用中表现出令人印象深刻的性能，但仍然缺乏坚实的数学和理论基础。对这些复杂神经网络的行为或它们如何实现如此良好的性能，我们几乎没有任何了解，因而可能难以改善其性能，这使得更好的模型的开发仅限于反复试验。因此，试图了解已经学习了哪些特征，并了解在深度 CNN 中每层执行了什么计算，这是越来越受欢迎的研究方向[Mahendran and Vedaldi，2015，2016；Zeiler and Fergus，2014]。

第五，几种机器学习算法（包括最新的 CNN）面对对抗性实例表现脆弱。故意设计的对抗性实例会使学习模型出错。例如，通过以人眼无法察觉的方式向"熊猫"图像添加小扰动，所得到的图像被高可信地识别为"长臂猿"（见图 9.1）。因此，复杂的攻击者可以欺骗神经网络。例如，针对自动驾驶车辆，可以通过使用贴纸设计一个对抗性"停车"标志，使得该车辆会将其解释为"让车"标志[Papernot et al，2017]。因此，提供复杂的防御策略是许多机器学习算法（包括 CNN）的重要组成部分。

 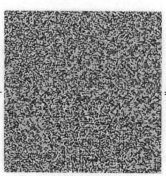 

原始图像，60%可信度　　　　　小的对抗性扰动　　　　　修改后的图像，99%可信度
被归类为熊猫　　　　　　　　　　　　　　　　　　　　　被归类为长臂猿

图 9.1　对抗性的例子：通过数学方式以人眼无法察觉（例如，添加一个小的扰动）的
　　　　方式操纵"熊猫"图像，学习的神经网络可能被精巧的攻击者欺骗，将其分类
　　　　到错误对象

　　最后，卷积网络的一个主要缺点是无法处理任意形状的输入，例如循环和非循环图。此外，在深度网络公式中不存在将结构化损失纳入其中的原则性方法。这种损失对于诸如身体姿势估计和语义分割的结构化预测任务是必不可少的。最近有一些努力试图将 CNN 扩展到任意形状的图形结构［Defferrard et al.，2016；Kipf and Welling，2016］。然而，这个领域有许多有前景的应用，需要进一步的技术突破，以实现适合图形的快速和可扩展的架构。

　　总之，我们希望本书不仅能够提供更好地理解适用于计算机视觉任务的 CNN，而且还有助于计算机视觉和 CNN 领域的未来研究活动和应用开发。

术 语 表

A

attention map：注意力地图

atrous convolutions：空洞卷积

AdaGrad：自适应梯度算法

AdaDelta：自适应增量算法

Adam：自适应矩估计算法

analytical differentiation：分析微分法

automatic differentiation：自动微分

B

batch normalization：批量归一化

batch gradient descent：批量梯度下降

biases：偏置

bounding box：包围盒

binary classification：二元分类器

boosting methods：增强方法

Back Propagation Through Time(BPTT)：基于
  时间的反向传播算法

C

convolution：卷积

cross correlation：互相关

CNN：卷积神经网络

convolutional kernels：卷积核

cross entropy loss：交叉熵损失函数（log 损失
  或 softmax 损失）

color jitterin：色彩抖动

D

dropout：随机失活

drop-connect：随机失连

dilated Convolution：扩张卷积

dilated filter：扩张滤波器

deconvolution layer：反卷积层

deconvolution：反卷积

data augmentatio：数据增强（数据增广，数据
  扩充）

dense correspondences：密集对应

discrete derivative mask：离散微分模板

Difference of Gaussians(DoG)：高斯差分

Dual Form of SVM：对偶支持向量机

E

Euclidean loss：欧几里得损失函数

exploding gradient：梯度爆炸

early stopping：早停

ensemble effect：集成效应

edge-box algorithm：边缘盒算法

F

filter：滤波器

feature map：特征图

Full Convolution(FC)：全尺寸卷积

fractionally strided convolution layer：微步卷积层

fine-tuning：微调

G

ground truth：真实标注

Gaussian blurring：高斯模糊（也称为高斯平滑）

gradient shattering problem：梯度打散问题

H

human visual cortex：人类视觉皮质

hand-crafted features：手工提取的特征

held-out validation set：留存验证集

Histogram of Oriented Gradients（HOG）：方向
梯度直方图

hard-margin SVM：硬间隔 SVM

heat map：热图

hard negative mining method：难分样本挖掘方法

I

inverted dropout：反向随机失活

image de-noising：图像去噪

image super-resolution：图像超分辨率

image classification：图像分类

image segmentation：图像分割

internal covariate shift：内部协方差偏移

identity skip connections：恒等跳跃式连接

image primitives：图像基元

K

kernel：卷积核

L

Lasso regularizer：L1 正则化器

learning rate：学习速率

loss function：损失函数

Local Contrast Normalization（LCN）：局部对比
归一化

Local Response Normalization（LRN）：局部响
应归一化

M

max norm constraints：最大范式约束

MLP：多层感知机

mean subtraction：均值减法

mini-batch gradient descent：小批量梯度下降法

mean Average Precision（mAP）：平均精度均值

morphology operations：形态学操作

multi-label classification：多标签分类

multi-class classification：多类分类

N

normalization：归一化

normalization：标准化

noisy ReLU：噪声 ReLU

non-Maximum Suppression（NMS）：非极大值抑制

Nesterov momentum：涅斯捷罗夫动量

numerical differentiation：数值微分法

O

object detection：目标检测

object recognition：目标识别

optical flow：光流

P

Principal Component Analysis（PCA）：PCA 降维

PCA Whitening：PCA 白化

pooling：池化

pairwise potential：二元势函数

Probability Mass Function（PMF）：概率质量函数

R

regularization：正则化

Ridge Regularizer/Weight Decay：L2 正则

Leaky ReLU：泄漏 ReLU

Layer-Sequential Unit Variance（LSUV）：层序
单位方差

receptive field：感受野

Rectified Linear Unit(ReLU)：修正线性单元

Region of Interest(RoI)Pooling：感兴趣区域池化

regression：回归分析

running average：移动平均

residual network：残差网络

Random Decision Forests(RDF)：随机决策森林

S

same convolution：同尺寸卷积

score function：评分函数

sum-pooling：求和池化

stride：步幅

sub-sampling：子采样

SIFT（Scale-Invariant Feature Transform）：尺度不变特征变换

Speeded-Up Robust Features（SURF）：加速健壮特征

SVM hinge loss：SVM 铰链损失函数

squared hinge loss：平方铰链损失函数

softmax loss：柔性最大传递损失函数

SSIM(structural similarity index)：结构相似性

stochastic gradient descent：随机梯度下降

skip connections：跳跃式连接

semantic segmentation：语义分割

Support Vector Machines(SVM)：支持向量机

Structure from Motion(SfM)：运动恢复结构

scale-space：尺度空间

soft-margin extension：软间隔扩展

soft margin SVM：软间隔 SVM

spatial transformer layer：空间变换层

symbolic differentiation：符号微分法

T

transposed convolution：转置卷积(也称为反卷积)

Toeplitz matrix：托布里兹矩阵，特氏矩阵，常对角矩阵（除第一行第一列外，其他每个元素都与左上角的元素相同）

training epoch：训练周期

U

unsampling：上采样

unpooling：反池化

unary potential：一元势函数

universal approximation theorem：万能近似定理

uniform random initialization：均匀随机初始化

V

valid convolution：有效卷积

vanishing gradient：梯度消失

Vector of Locally Aggregated Descriptors(VLAD)：局部聚合描述符向量

W

Whitening：白化

X

Xavier initialization：泽维尔初始化

Z

zero padding：零填充

参 考 文 献

ILSVRC 2016 Results. http://image-net.org/challenges/LSVRC/2016/results 106

A. Alahi, R. Ortiz, and P. Vandergheynst. Freak: Fast retina keypoint. In *IEEE Conference on Computer Vision and Pattern Recognition*, pages 510–517, 2012. DOI: 10.1109/cvpr.2012.6247715. 14

Ark Anderson, Kyle Shaffer, Artem Yankov, Court D. Corley, and Nathan O. Hodas. Beyond fine tuning: A modular approach to learning on small data. *arXiv preprint arXiv:1611.01714*, 2016. 72

Relja Arandjelovic, Petr Gronat, Akihiko Torii, Tomas Pajdla, and Josef Sivic. Netvlad: CNN architecture for weakly supervised place recognition. In *Proc. of the IEEE Conference on Computer Vision and Pattern Recognition*, pages 5297–5307, 2016. DOI: 10.1109/cvpr.2016.572. 63, 64

Pablo Arbeláez, Jordi Pont-Tuset, Jonathan T. Barron, Ferran Marques, and Jitendra Malik. Multiscale combinatorial grouping. In *Proc. of the IEEE Conference on Computer Vision and Pattern Recognition*, pages 328–335, 2014. DOI: 10.1109/cvpr.2014.49. 140

Hossein Azizpour, Ali Sharif Razavian, Josephine Sullivan, Atsuto Maki, and Stefan Carlsson. Factors of transferability for a generic convnet representation. *IEEE Transactions on Pattern Analysis and Machine Intelligence*, 38(9):1790–1802, 2016. DOI: 10.1109/tpami.2015.2500224. 72

David Balduzzi, Marcus Frean, Lennox Leary, J. P. Lewis, Kurt Wan-Duo Ma, and Brian McWilliams. The shattered gradients problem: If resnets are the answer, then what is the question? *arXiv preprint arXiv:1702.08591*, 2017. 95, 98

Herbert Bay, Andreas Ess, Tinne Tuytelaars, and Luc Van Gool. Speeded-up robust features (surf). *Computer Vision and Image Understanding*, 110(3):346–359, 2008. DOI: 10.1016/j.cviu.2007.09.014. 7, 11, 14, 19, 29

Atilim Gunes Baydin, Barak A. Pearlmutter, Alexey Andreyevich Radul, and Jeffrey Mark Siskind. Automatic differentiation in machine learning: A survey. *arXiv preprint arXiv:1502.05767*, 2015. 90

N. Bayramoglu and A. Alatan. Shape index sift: Range image recognition using local features. In *20th International Conference on Pattern Recognition*, pages 352–355, 2010. DOI: 10.1109/icpr.2010.95. 13

Yoshua Bengio, Pascal Lamblin, Dan Popovici, Hugo Larochelle, et al. Greedy layer-wise training of deep networks. *Advances in Neural Information Processing Systems*, 19:153, 2007. 70

Zhou Bolei, Aditya Khosla, Agata Lapedriza, Aude Oliva, and Antonio Torralba. Object detectors emerge in deep scene CNNs. In *International Conference on Learning Representations*, 2015. 94, 97

Leo Breiman.   Random forests.   *Machine Learning*, 45(1):5–32, 2001. DOI: 10.1023/A:1010933404324. 7, 11, 22, 26, 29

M. Brown and D. Lowe. Invariant features from interest point groups. In *Proc. of the British Machine Vision Conference*, pages 23.1–23.10, 2002. DOI: 10.5244/c.16.23. 20

M. Calonder, V. Lepetit, C. Strecha, and P. Fua. BRIEF: Binary robust independent elementary features. In *11th European Conference on Computer Vision*, pages 778–792, 2010. DOI: 10.1007/978-3-642-15561-1_56. 14

Jean-Pierre Changeux and Paul Ricoeur. *What Makes Us Think?: A Neuroscientist and a Philosopher Argue About Ethics, Human Nature, and the Brain*. Princeton University Press, 2002. 40

Ken Chatfield, Karen Simonyan, Andrea Vedaldi, and Andrew Zisserman. Return of the devil in the details: Delving deep into convolutional nets. *arXiv preprint arXiv:1405.3531*, 2014. DOI: 10.5244/c.28.6. 123

Liang-Chieh Chen, George Papandreou, Iasonas Kokkinos, Kevin Murphy, and Alan L. Yuille. Semantic image segmentation with deep convolutional nets and fully connected CRFs. *arXiv preprint arXiv:1412.7062*, 2014. 50, 133

Kyunghyun Cho, Bart Van Merriënboer, Dzmitry Bahdanau, and Yoshua Bengio. On the properties of neural machine translation: Encoder-decoder approaches. *arXiv preprint arXiv:1409.1259*, 2014. DOI: 10.3115/v1/w14-4012. 38

Sumit Chopra, Raia Hadsell, and Yann LeCun. Learning a similarity metric discriminatively, with application to face verification. In *Computer Vision and Pattern Recognition, (CVPR). IEEE Computer Society Conference on*, volume 1, pages 539–546, 2005. DOI: 10.1109/cvpr.2005.202. 67

Dan C. Cireşan, Ueli Meier, Jonathan Masci, Luca M. Gambardella, and Jürgen Schmidhuber. High-performance neural networks for visual object classification. *arXiv preprint arXiv:1102.0183*, 2011. 102

Corinna Cortes. Support-vector networks. *Machine Learning*, 20(3):273–297, 1995. DOI: 10.1007/bf00994018. 7, 11, 22, 29

Koby Crammer and Yoram Singer. On the algorithmic implementation of multiclass kernel-based vector machines. *Journal of Machine Learning Research*, 2:265–292, 2001. 66

Michaël Defferrard, Xavier Bresson, and Pierre Vandergheynst. Convolutional neural networks on graphs with fast localized spectral filtering. In *Advances in Neural Information Processing Systems*, pages 3844–3852, 2016. 170

Li Deng. A tutorial survey of architectures, algorithms, and applications for deep learning. *APSIPA Transactions on Signal and Information Processing*, 3:e2, 2014. DOI: 10.1017/atsip.2014.4. 117

Jeff Donahue, Lisa Anne Hendricks, Sergio Guadarrama, Marcus Rohrbach, Subhashini Venugopalan, Kate Saenko, and Trevor Darrell. Long-term recurrent convolutional networks for visual recognition and description. *IEEE Conference on Computer Vision and Pattern Recognition (CVPR)*, pages 2625–2634, 2015. DOI: 10.1109/cvpr.2015.7298878. 150, 155

John Duchi, Elad Hazan, and Yoram Singer. Adaptive subgradient methods for online learning and stochastic optimization. *Journal of Machine Learning Research*, 12:2121–2159, 2011. 83

Vincent Dumoulin and Francesco Visin. A guide to convolution arithmetic for deep learning.

arXiv preprint arXiv:1603.07285, 2016. 60

Pedro F. Felzenszwalb, Ross B. Girshick, David McAllester, and Deva Ramanan. Object detection with discriminatively trained part-based models. *IEEE Transactions on Pattern Analysis and Machine Intelligence*, 32(9):1627–1645, 2010. DOI: 10.1109/tpami.2009.167. 121

R. A. Fisher. The use of multiple measurements in taxonomic problems. *Annals of Eugenics*, 7(7):179–188, 1936. DOI: 10.1111/j.1469-1809.1936.tb02137.x. 22

Yoav Freund and Robert E. Schapire. A decision-theoretic generalization of online learning and an application to boosting. *Journal of Computer and System Sciences*, 55(1):119–139, 1997. DOI: 10.1006/jcss.1997.1504. 22

Jerome H. Friedman. Greedy function approximation: A gradient boosting machine. *Annals of Statistics*, 29:1189–1232, 2000. 22

Kunihiko Fukushima and Sei Miyake. Neocognitron: A self-organizing neural network model for a mechanism of visual pattern recognition. In *Competition and Cooperation in Neural Nets*, pages 267–285. Springer, 1982. DOI: 10.1007/978-3-642-46466-9_18. 43

Ross Girshick. Fast R-CNN. In *Proc. of the IEEE International Conference on Computer Vision*, pages 1440–1448, 2015. DOI: 10.1109/iccv.2015.169. 60

Ross Girshick, Jeff Donahue, Trevor Darrell, and Jitendra Malik. Region-based convolutional networks for accurate object detection and segmentation. *IEEE Transactions on Pattern Analysis and Machine Intelligence*, 38(1):142–158, 2016. DOI: 10.1109/tpami.2015.2437384. 120

Xavier Glorot and Yoshua Bengio. Understanding the difficulty of training deep feedforward neural networks. In *Aistats*, 9:249–256, 2010. 70

Ian Goodfellow. Nips 2016 tutorial: Generative adversarial networks. *arXiv preprint arXiv:1701.00160*, 2016. 142

Ian Goodfellow, Jean Pouget-Abadie, Mehdi Mirza, Bing Xu, David Warde-Farley, Sherjil Ozair, Aaron Courville, and Yoshua Bengio. Generative adversarial nets. In *Advances in Neural Information Processing Systems*, pages 2672–2680, 2014. 141, 142, 149

Ian Goodfellow, Yoshua Bengio, and Aaron Courville. *Deep Learning*. MIT Press, 2016. http://www.deeplearningbook.org 54

Alex Graves and Jürgen Schmidhuber. Framewise phoneme classification with bidirectional LSTM and other neural network architectures. *Neural Networks*, 18(5):602–610, 2005. DOI: 10.1016/j.neunet.2005.06.042. 38

Alex Graves, Greg Wayne, and Ivo Danihelka. Neural turing machines. *arXiv preprint arXiv:1410.5401*, 2014. 38

Alex Graves et al. *Supervised Sequence Labelling with Recurrent Neural Networks*, volume 385. Springer, 2012. DOI: 10.1007/978-3-642-24797-2. 31

Saurabh Gupta, Pablo Arbelaez, and Jitendra Malik. Perceptual organization and recognition of indoor scenes from RGB-D images. In *Proc. of the IEEE Conference on Computer Vision and Pattern Recognition*, pages 564–571, 2013. DOI: 10.1109/cvpr.2013.79. 140

Saurabh Gupta, Ross Girshick, Pablo Arbeláez, and Jitendra Malik. Learning rich features from RGB-D images for object detection and segmentation. In *European Conference on Computer Vision*, pages 345–360. Springer, 2014. DOI: 10.1007/978-3-319-10584-0_23. 139, 141

Richard H. R. Hahnloser, Rahul Sarpeshkar, Misha A. Mahowald, Rodney J. Douglas, and H. Sebastian Seung. Digital selection and analogue amplification coexist in a cortex inspired silicon circuit. *Nature*, 405(6789):947, 2000. DOI: 10.1030/35016072. 55

Munawar Hayat, Salman H. Khan, Mohammed Bennamoun, and Senjian An. A spatial layout and scale invariant feature representation for indoor scene classification. *IEEE Transactions on Image Processing*, 25(10):4829–4841, 2016. DOI: 10.1109/tip.2016.2599292. 96

Kaiming He, Xiangyu Zhang, Shaoqing Ren, and Jian Sun. Spatial pyramid pooling in deep convolutional networks for visual recognition. In *European Conference on Computer Vision*, pages 346–361. Springer, 2014. DOI: 10.1007/978-3-319-10578-9_23. 62

Kaiming He, Xiangyu Zhang, Shaoqing Ren, and Jian Sun. Delving deep into rectifiers: Surpassing human-level performance on imagenet classification. In *Proc. of the IEEE International Conference on Computer Vision*, pages 1026–1034, 2015a. DOI: 10.1109/iccv.2015.123. 71

Kaiming He, Xiangyu Zhang, Shaoqing Ren, and Jian Sun. Spatial pyramid pooling in deep convolutional networks for visual recognition. *IEEE Transactions on Pattern Analysis and Machine Intelligence*, 37(9):1904–1916, 2015b. DOI: 10.1109/tpami.2015.2389824. 61, 125

Kaiming He, Xiangyu Zhang, Shaoqing Ren, and Jian Sun. Deep residual learning for image recognition. In *Proc. of the IEEE Conference on Computer Vision and Pattern Recognition*, pages 770–778, 2016a. DOI: 10.1109/cvpr.2016.90. 77, 106, 170

Kaiming He, Xiangyu Zhang, Shaoqing Ren, and Jian Sun. Identity mappings in deep residual networks. In *European Conference on Computer Vision*, pages 630–645. Springer, 2016b. DOI: 10.1007/978-3-319-46493-0_38. 108, 111

Kaiming He, Georgia Gkioxari, Piotr Dollár, and Ross Girshick. Mask R-CNN. *arXiv preprint arXiv:1703.06870*, 2017. DOI: 10.1109/iccv.2017.322. 60, 140, 141

Geoffrey E. Hinton, Simon Osindero, and Yee-Whye Teh. A fast learning algorithm for deep belief nets. *Neural Computation*, 18(7):1527–1554, 2006. DOI: 10.1162/neco.2006.18.7.1527. 70

Sepp Hochreiter and Jürgen Schmidhuber. Long short-term memory. *Neural Computation*, 9(8):1735–1780, 1997. DOI: 10.1162/neco.1997.9.8.1735. 38

Gao Huang, Zhuang Liu, Kilian Q. Weinberger, and Laurens van der Maaten. Densely connected convolutional networks. *arXiv preprint arXiv:1608.06993*, 2016a. DOI: 10.1109/cvpr.2017.243. 114, 115

Gao Huang, Yu Sun, Zhuang Liu, Daniel Sedra, and Kilian Q. Weinberger. Deep networks with stochastic depth. In *European Conference on Computer Vision*, pages 646–661, 2016b. DOI: 10.1007/978-3-319-46493-0_39. 170

David H. Hubel and Torsten N. Wiesel. Receptive fields of single neurones in the cat's striate cortex. *The Journal of Physiology*, 148(3):574–591, 1959. DOI: 10.1113/jphysiol.1959.sp006308. 43

Sergey Ioffe and Christian Szegedy. Batch normalization: Accelerating deep network training by reducing internal covariate shift. *arXiv preprint arXiv:1502.03167*, 2015. 76, 77

Max Jaderberg, Karen Simonyan, Andrew Zisserman, et al. Spatial transformer networks. In *Advances in Neural Information Processing Systems*, pages 2017–2025, 2015. 63

Anil K. Jain, Jianchang Mao, and K. Moidin Mohiuddin. Artificial neural networks: A tutorial. *Computer*, 29(3):31–44, 1996. DOI: 10.1109/2.485891. 39

Katarzyna Janocha and Wojciech Marian Czarnecki. On loss functions for deep neural networks in classification. *arXiv preprint arXiv:1702.05659*, 2017. DOI: 10.4467/20838476si.16.004.6185 68

Hervé Jégou, Matthijs Douze, Cordelia Schmid, and Patrick Pérez. Aggregating local descriptors into a compact image representation. In *Computer Vision and Pattern Recognition (CVPR)*,

IEEE Conference on, pages 3304–3311, 2010. DOI: 10.1109/cvpr.2010.5540039. 63

Andrej Karpathy, George Toderici, Sanketh Shetty, Thomas Leung, Rahul Sukthankar, and Li Fei-Fei. Large-scale video classification with convolutional neural networks. In *Proc. of the IEEE Conference on Computer Vision and Pattern Recognition*, pages 1725–1732, 2014. DOI: 10.1109/cvpr.2014.223. 150, 152

Salman H. Khan. Feature learning and structured prediction for scene understanding. Ph.D. Thesis, University of Western Australia, 2016. 135

Salman H. Khan, Mohammed Bennamoun, Ferdous Sohel, and Roberto Togneri. Automatic shadow detection and removal from a single image. *IEEE Transactions on Pattern Analysis and Machine Intelligence*, 38(3):431–446, 2016a. DOI: 10.1109/tpami.2015.2462355. 141

Salman H. Khan, Munawar Hayat, Mohammed Bennamoun, Roberto Togneri, and Ferdous A. Sohel. A discriminative representation of convolutional features for indoor scene recognition. *IEEE Transactions on Image Processing*, 25(7):3372–3383, 2016b. DOI: 10.1109/tip.2016.2567076. 72, 95

Salman H. Khan, Munawar Hayat, Mohammed Bennamoun, Ferdous A. Sohel, and Roberto Togneri. Cost-sensitive learning of deep feature representations from imbalanced data. *IEEE Transactions on Neural Networks and Learning Systems*, 2017a. DOI: 10.1109/tnnls.2017.2732482. 169

Salman H. Khan, Munawar Hayat, and Fatih Porikli. Scene categorization with spectral features. In *Proc. of the IEEE Conference on Computer Vision and Pattern Recognition*, pages 5638–5648, 2017b. DOI: 10.1109/iccv.2017.601. 94

Salman H. Khan, Xuming He, Fatih Porikli, Mohammed Bennamoun, Ferdous Sohel, and Roberto Togneri. Learning deep structured network for weakly supervised change detection. In *Proc. of the International Joint Conference on Artificial Intelligence (IJCAI)*, pages 1–7, 2017c. DOI: 10.24963/ijcai.2017/279. 141

Salman Hameed Khan, Mohammed Bennamoun, Ferdous Sohel, and Roberto Togneri. Automatic feature learning for robust shadow detection. In *Computer Vision and Pattern Recognition (CVPR), IEEE Conference on*, pages 1939–1946, 2014. DOI: 10.1109/cvpr.2014.249. 93

Diederik Kingma and Jimmy Ba. Adam: A method for stochastic optimization. *arXiv preprint arXiv:1412.6980*, 2014. 85, 86

Thomas N. Kipf and Max Welling. Semi-supervised classification with graph convolutional networks. *arXiv preprint arXiv:1609.02907*, 2016. 170

Philipp Krähenbühl and Vladlen Koltun. Efficient inference in fully connected CRFS with Gaussian edge potentials. In *Advances in Neural Information Processing Systems 24*, pages 109–117, 2011. 132, 135

Alex Krizhevsky, Ilya Sutskever, and Geoffrey E. Hinton. Imagenet classification with deep convolutional neural networks. In *Advances in Neural Information Processing Systems*, pages 1097–1105, 2012. DOI: 10.1145/3065386. 45, 74, 102, 117, 123, 140, 150, 162

Gustav Larsson, Michael Maire, and Gregory Shakhnarovich. Fractalnet: Ultra-deep neural networks without residuals. *arXiv preprint arXiv:1605.07648*, 2016. 112, 113

Svetlana Lazebnik, Cordelia Schmid, and Jean Ponce. Beyond bags of features: Spatial pyramid matching for recognizing natural scene categories. In *Computer Vision and Pattern Recognition, IEEE Computer Society Conference on*, 2:2169–2178, 2006. DOI: 10.1109/cvpr.2006.68. 61

Yann LeCun, Bernhard Boser, John S. Denker, Donnie Henderson, Richard E. Howard, Wayne Hubbard, and Lawrence D. Jackel. Backpropagation applied to handwritten zip code recognition. *Neural Computation*, 1(4):541–551, 1989. DOI: 10.1162/neco.1989.1.4.541. 43

Yann LeCun, Léon Bottou, Yoshua Bengio, and Patrick Haffner. Gradient-based learning applied to document recognition. *Proc. of the IEEE*, 86(11):2278–2324, 1998. DOI: 10.1109/5.726791. 101, 102

Christian Ledig, Lucas Theis, Ferenc Huszár, Jose Caballero, Andrew Cunningham, Alejandro Acosta, Andrew Aitken, Alykhan Tejani, Johannes Totz, Zehan Wang, et al. Photo-realistic single image super-resolution using a generative adversarial network. *arXiv preprint arXiv:1609.04802*, 2016. DOI: 10.1109/cvpr.2017.19. 141, 145, 147, 148

Stefan Leutenegger, Margarita Chli, and Roland Y. Siegwart. BRISK: Binary robust invariant scalable keypoints. In *Proc. of the International Conference on Computer Vision*, pages 2548–2555, 2011. DOI: 10.1109/iccv.2011.6126542. 14

Li-Jia Li, Richard Socher, and Li Fei-Fei. Towards total scene understanding: Classification, annotation and segmentation in an automatic framework. In *Computer Vision and Pattern Recognition, (CVPR). IEEE Conference on*, pages 2036–2043, 2009. DOI: 10.1109/cvpr.2009.5206718. 135

Min Lin, Qiang Chen, and Shuicheng Yan. Network in network. *arXiv preprint arXiv:1312.4400*, 2013. 56, 103

Jonathan Long, Evan Shelhamer, and Trevor Darrell. Fully convolutional networks for semantic segmentation. In *Proc. of the IEEE Conference on Computer Vision and Pattern Recognition*, pages 3431–3440, 2015. DOI: 10.1109/cvpr.2015.7298965. 127, 128, 130

David G. Lowe. Distinctive image features from scale-invariant keypoints. *International Journal on Computer Vision*, 60(2):91–110, 2004. DOI: 10.1023/b:visi.0000029664.99615.94. 7, 11, 14, 16, 17, 19, 29

A. Mahendran and A. Vedaldi. Understanding deep image representations by inverting them. In *Computer Vision and Pattern Recognition, (CVPR). IEEE Computer Society Conference on*, pages 5188–5196, 2015. DOI: 10.1109/cvpr.2015.7299155. 97, 99, 170

A. Mahendran and A. Vedaldi. Visualizing deep convolutional neural networks using natural pre-images. *International Journal on Computer Vision*, 120(3):233–255, 2016. DOI: 10.1007/s11263-016-0911-8. 170

Michael Mathieu, Mikael Henaff, and Yann LeCun. Fast training of convolutional networks through FFTs. In *International Conference on Learning Representations (ICLR2014)*, 2014. 162

Warren S. McCulloch and Walter Pitts. A logical calculus of the ideas immanent in nervous activity. *The Bulletin of Mathematical Biophysics*, 5(4):115–133, 1943. DOI: 10.1007/bf02478259. 40

Dmytro Mishkin and Jiri Matas. All you need is a good INIT. *arXiv preprint arXiv:1511.06422*, 2015. 71

B. Triggs and N. Dalal. Histograms of oriented gradients for human detection. In *IEEE Computer Society Conference on Computer Vision and Pattern Recognition*, pages 1063–6919, 2005. DOI: 10.1109/CVPR.2005.177. 7, 11, 14, 15, 29

Yurii Nesterov. A method for unconstrained convex minimization problem with the rate of convergence o (1/k2). In *Doklady an SSSR*, 269:543–547, 1983. 82

Hyeonwoo Noh, Seunghoon Hong, and Bohyung Han. Learning deconvolution network for semantic segmentation. In *Proc. of the IEEE International Conference on Computer Vision*, pages 1520–1528, 2015. DOI: 10.1109/iccv.2015.178. 130

Nicolas Papernot, Patrick McDaniel, Ian Goodfellow, Somesh Jha, Z. Berkay Celik, and Ananthram Swami. Practical black-box attacks against machine learning. In *Proc. of the ACM on*

Asia Conference on Computer and Communications Security, (ASIA CCS'17), pages 506–519, 2017. DOI: 10.1145/3052973.3053009. 170

Razvan Pascanu, Yann N. Dauphin, Surya Ganguli, and Yoshua Bengio. On the saddle point problem for non-convex optimization. *arXiv preprint arXiv:1405.4604*, 2014. 81

Charles R. Qi, Hao Su, Kaichun Mo, and Leonidas J. Guibas. Pointnet: Deep learning on point sets for 3D classification and segmentation. *arXiv preprint arXiv:1612.00593*, 2016. DOI: 10.1109/cvpr.2017.16. 117, 118, 119

J. R. Quinlan. Induction of decision trees. *Machine Learning*, pages 81–106, 1986. DOI: 10.1007/bf00116251. 7, 11, 22, 26, 29

Alec Radford, Luke Metz, and Soumith Chintala. Unsupervised representation learning with deep convolutional generative adversarial networks. *arXiv preprint arXiv:1511.06434*, 2015. 141, 145, 149

H. Rahmani, A. Mahmood, D. Q. Huynh, and A. Mian. HOPC: Histogram of oriented principal components of 3D pointclouds for action recognition. In *13th European Conference on Computer Vision*, pages 742–757, 2014. DOI: 10.1007/978-3-319-10605-2_48. 13

Hossein Rahmani and Mohammed Bennamoun. Learning action recognition model from depth and skeleton videos. In *The IEEE International Conference on Computer Vision (ICCV)*, 2017. DOI: 10.1109/iccv.2017.621. 150

Hossein Rahmani and Ajmal Mian. 3D action recognition from novel viewpoints. In *Computer Vision and Pattern Recognition, (CVPR). IEEE Computer Society Conference on*, pages 1506–1515, 2016. DOI: 10.1109/cvpr.2016.167. 74, 150

Hossein Rahmani, Ajmal Mian, and Mubarak Shah. Learning a deep model for human action recognition from novel viewpoints. *IEEE Transactions on Pattern Analysis and Machine Intelligence*, 2017. DOI: 10.1109/tpami.2017.2691768. 74, 150

Shaoqing Ren, Kaiming He, Ross Girshick, and Jian Sun. Faster R-CNN: Towards real-time object detection with region proposal networks. In *Advances in Neural Information Processing Systems*, pages 91–99, 2015. DOI: 10.1109/tpami.2016.2577031. 61, 123

Ethan Rublee, Vincent Rabaud, Kurt Konolige, and Gary Bradski. ORB: An efficient alternative to SIFT or SURF. In *Proc. of the International Conference on Computer Vision*, pages 2564–2571, 2011. DOI: 10.1109/iccv.2011.6126544. 14

Sebastian Ruder. An overview of gradient descent optimization algorithms. *arXiv preprint arXiv:1609.04747*, 2016. 81

David E. Rumelhart, Geoffrey E. Hinton, and Ronald J. Williams. Learning internal representations by error propagation. *Technical report*, DTIC Document, 1985. DOI: 10.1016/b978-1-4832-1446-7.50035-2. 34

Andrew M. Saxe, James L. McClelland, and Surya Ganguli. Exact solutions to the nonlinear dynamics of learning in deep linear neural networks. *arXiv preprint arXiv:1312.6120*, 2013. 70

Florian Schroff, Dmitry Kalenichenko, and James Philbin. Facenet: A unified embedding for face recognition and clustering. In *Proc. of the IEEE Conference on Computer Vision and Pattern Recognition*, pages 815–823, 2015. DOI: 10.1109/cvpr.2015.7298682. 68

Ali Sharif Razavian, Hossein Azizpour, Josephine Sullivan, and Stefan Carlsson. CNN features off-the-shelf: An astounding baseline for recognition. In *Proc. of the IEEE Conference on Computer Vision and Pattern Recognition Workshops*, pages 806–813, 2014. DOI: 10.1109/cvprw.2014.131. 72

J. Shotton, A. Fitzgibbon, M. Cook, T. Sharp, M. Finocchio, R. Moore, A. Kipman, and A. Blake. Real-time human pose recognition in parts from single depth images. In *Computer Vision and Pattern Recognition, (CVPR). IEEE Computer Society Conference on*, pages 1297–1304, 2011. DOI: 10.1145/2398356.2398381. 26

Ashish Shrivastava, Tomas Pfister, Oncel Tuzel, Josh Susskind, Wenda Wang, and Russ Webb. Learning from simulated and unsupervised images through adversarial training. *arXiv preprint arXiv:1612.07828*, 2016. DOI: 10.1109/cvpr.2017.241. 74

Karen Simonyan and Andrew Zisserman. Two-stream convolutional networks for action recognition in videos. In *Proc. of the 27th International Conference on Neural Information Processing Systems—Volume 1, (NIPS'14)*, pages 568–576, 2014a. 150, 152, 153

Karen Simonyan and Andrew Zisserman. Very deep convolutional networks for large-scale image recognition. *arXiv preprint arXiv:1409.1556*, 2014b. 50, 70, 104, 123

Fisher Yu, Yinda Zhang, Shuran Song, Ari Seff, and Jianxiong Xiao. Construction of a large-scale image dataset using deep learning with humans in the loop. *arXiv preprint arXiv:1506.03365*, 2015. 146, 147

Shuran Song and Jianxiong Xiao. Deep sliding shapes for a modal 3D object detection in RGB-D images. In *Proc. of the IEEE Conference on Computer Vision and Pattern Recognition*, pages 808–816, 2016. DOI: 10.1109/cvpr.2016.94. 136

Shuran Song, Samuel P. Lichtenberg, and Jianxiong Xiao. Sun RGB-D: A RGB-D scene understanding benchmark suite. In *Proc. of the IEEE Conference on Computer Vision and Pattern Recognition*, pages 567–576, 2015. DOI: 10.1109/cvpr.2015.7298655. 136

Jost Tobias Springenberg. Unsupervised and semi-supervised learning with categorical generative adversarial networks. *arXiv preprint arXiv:1511.06390*, 2015. 146

Nitish Srivastava, Geoffrey E. Hinton, Alex Krizhevsky, Ilya Sutskever, and Ruslan Salakhutdinov. Dropout: A simple way to prevent neural networks from overfitting. *Journal of Machine Learning Research*, 15(1):1929–1958, 2014. 75, 79, 102

Rupesh Kumar Srivastava, Klaus Greff, and Jürgen Schmidhuber. Highway networks. *arXiv preprint arXiv:1505.00387*, 2015. 108

Christian Szegedy, Wei Liu, Yangqing Jia, Pierre Sermanet, Scott Reed, Dragomir Anguelov, Dumitru Erhan, Vincent Vanhoucke, and Andrew Rabinovich. Going deeper with convolutions. In *Proc. of the IEEE Conference on Computer Vision and Pattern Recognition*, pages 1–9, 2015. DOI: 10.1109/cvpr.2015.7298594. 105, 106, 107

Yichuan Tang. Deep learning using linear support vector machines. *arXiv preprint arXiv:1306.0239*, 2013. 67

Tijmen Tieleman and Geoffrey Hinton. Lecture 6.5-rmsprop: Divide the gradient by a running average of its recent magnitude. *COURSERA: Neural Networks for Machine Learning*, 4(2), 2012. 85

Jasper R. R. Uijlings, Koen E. A. Van De Sande, Theo Gevers, and Arnold W. M. Smeulders. Selective search for object recognition. *International Journal of Computer Vision*, 104(2):154–171, 2013. DOI: 10.1007/s11263-013-0620-5. 61, 120, 122

Aaron van den Oord, Nal Kalchbrenner, Lasse Espeholt, Oriol Vinyals, Alex Graves, et al. Conditional image generation with pixel CNN decoders. In *Advances in Neural Information Processing Systems*, pages 4790–4798, 2016. 141

Li Wan, Matthew Zeiler, Sixin Zhang, Yann L. Cun, and Rob Fergus. Regularization of neural networks using dropconnect. In *Proc. of the 30th International Conference on Machine Learning (ICML'13)*, pages 1058–1066, 2013. 75

Heng Wang, A. Klaser, C. Schmid, and Cheng-Lin Liu. Action recognition by dense trajectories. In *Proc. of the IEEE Conference on Computer Vision and Pattern Recognition, (CVPR'11)*, pages 3169–3176, 2011a. DOI: 10.1109/cvpr.2011.5995407. 154

Zhenhua Wang, Bin Fan, and Fuchao Wu. Local intensity order pattern for feature description. In *Proc. of the International Conference on Computer Vision*, pages 1550–5499, 2011b. DOI: 10.1109/iccv.2011.6126294. 14

Jason Weston, Chris Watkins, et al. Support vector machines for multi-class pattern recognition. In *ESANN*, 99:219–224, 1999. 67

Bernard Widrow, Marcian E. Hoff, et al. Adaptive switching circuits. In *IRE WESCON Convention Record*, 4:96–104, New York, 1960. DOI: 10.21236/ad0241531. 33

Jason Yosinski, Jeff Clune, Thomas Fuchs, and Hod Lipson. Understanding neural networks through deep visualization. In *In ICML Workshop on Deep Learning*, Citeseer, 2015. 95, 98

Fisher Yu and Vladlen Koltun. Multi-scale context aggregation by dilated convolutions. *arXiv preprint arXiv:1511.07122*, 2015. 50, 141

Sergey Zagoruyko and Nikos Komodakis. Learning to compare image patches via convolutional neural networks. In *Proc. of the IEEE Conference on Computer Vision and Pattern Recognition*, pages 4353–4361, 2015. DOI: 10.1109/cvpr.2015.7299064. 141

Matthew D. Zeiler. Adadelta: An adaptive learning rate method. *arXiv preprint arXiv:1212.5701*, 2012. 84

Matthew D. Zeiler and Rob Fergus. Visualizing and understanding convolutional networks. In *European Conference on Computer Vision*, pages 818–833, Springer, 2014. DOI: 10.1007/978-3-319-10590-1_53. 44, 94, 95, 97, 170

Yinda Zhang, Mingru Bai, Pushmeet Kohli, Shahram Izadi, and Jianxiong Xiao. Deepcontext: Context-encoding neural pathways for 3D holistic scene understanding. *arXiv preprint arXiv:1603.04922*, 2016. DOI: 10.1109/iccv.2017.135. 135, 139

Hang Zhao, Orazio Gallo, Iuri Frosio, and Jan Kautz. Loss functions for neural networks for image processing. *arXiv preprint arXiv:1511.08861*, 2015. 67, 68

Hengshuang Zhao, Jianping Shi, Xiaojuan Qi, Xiaogang Wang, and Jiaya Jia. Pyramid scene parsing network. In *Proc. of the IEEE Conference on Computer Vision and Pattern Recognition*, pages 1–7, 2017. DOI: 10.1109/cvpr.2017.660. 141

Shuai Zheng, Sadeep Jayasumana, Bernardino Romera-Paredes, Vibhav Vineet, Zhizhong Su, Dalong Du, Chang Huang, and Philip H. S. Torr. Conditional random fields as recurrent neural networks. In *Proc. of the IEEE International Conference on Computer Vision*, pages 1529–1537, 2015. DOI: 10.1109/iccv.2015.179. 141

C. Lawrence Zitnick and Piotr Dollár. Edge boxes: Locating object proposals from edges. In *European Conference on Computer Vision*, pages 391–405, Springer, 2014. DOI: 10.1007/978-3-319-10602-1_26. 61, 132